猫苑

古人的雅致生活

精选本

[清] 黄汉/辑
陈晨/绘

江西美术出版社
全国百佳出版单位

出版说明

《古人的雅致生活》系列丛书围绕古人论茶事、瓶花、器物、饮食、园林、赏石等经典著作，旨在重现古人的生活细节，重塑今人的生活格调。在第一辑图书出版后得到了来自读者的广泛好评，因此我们继续推出《古人的雅致生活》系列丛书第二辑，挑选了饮食、节序风俗、豢养宠物、美容养颜等方面的著作，向读者进一步展示古人丰富的生活细节。本次仍以原文与译文对照阅读、精美配画辅助理解，配画力求反映原文之大意，以图说文，兼具欣赏与实用性。

在古代，在吃的方面恐怕没有谁能够超越袁枚了。作为冠绝天下的美食大师，他出版了一部中国古代重要的饮食文化著作——《随园食单》。作为中国饮食文化史上的百科全书，袁枚的《随园食单》内容丰富，包罗万象。全书分为须知单、戒单、海鲜单、江鲜单、特牲单、杂牲单、羽族单、水族有鳞单、水族无鳞单、杂素菜单、小菜单、点心单、饭粥单、茶酒单十四个部分，详细论述了中国十四至十八世纪中叶流行的三百多种菜式。全书分类严谨，文字生动，旁征博引，既有故事性又有较强的实用性和可操作性。同时也为中国饮食文化的发展在思想文化价值上做了更多理论上的探讨，表现了其文化思想的先进创新观念，诸多论述，在今天仍不失其意义。

本辑挑选的《节序同风录》是一部专门描述古时节序风情的作品，详述了一年十二个月的风俗事宜，极富可读性，文中所提部分节俗读来让人不禁莞尔。

该书作者孔尚任，清代人，以诗文传奇名，所著《桃花扇》为清代昆曲扛鼎之作。孔氏在本书中所描述的习俗以北地为主，也兼涉吴楚南中之俗，是国人研究古人节序风俗的重要著作。

古无专书记猫事。清咸丰年间，黄汉先生广阅经史子集，为猫辑出了一部《猫苑》。书有上下两卷，分种类、形象、毛色、灵异、名物、故事、品藻七门。文章内容罗列历史典故，结合时事见闻，文后多有黄氏批注，生动有趣，遇着新奇的便用自家猫做实验以相佐证，足见古人养猫豢宠乐在其中的浪漫情怀。

《香奁润色》是明代胡文焕专为女子美饰所写的一本方书，大抵便是古时的美容宝典了。书中收集了历代医典、生活用书中的成果，『聊为香奁之一助』，堪称古代妇女之友。但本书仅体现了古人美容养颜、治疗预防疾病的思路，并不代表所著之内容适合每一个人。中医治疗最讲究辨证施治，因此读者在阅读后切不可盲目照搬，一定要在咨询了相关专业美容医师，得到肯定的情况下再行调整。

上述内容由于原文篇幅过长，或部分内容过于荒诞怪异，因此我们对相应内容进行了精减调整，以更切合图书体例，符合大众的阅读习惯。希望本套丛书对读者的现实生活能有所助力，在重塑今人生活情调方面能有所裨益。

序

夫猫之生也，同一兽也，系人事而结世缘，视他兽有独异者。何欤？盖古有迎其神者，以有灵也；呼为仙者，以有清修也；蓄之于佛者，以有觉慧也。或以其猛，则命之曰将；或以其德，则予之以官；或以其有威制，则推之为王。凡此皆猫之异数也。他或鬼而憎之，妖而怯之，精而畏之，抑亦猫之灵异不群，有以招致之？然而妖由人兴，于猫乎何尤！且有呼之为姑，呼之为兄，呼之为奴，又皆怜之、喜之至也。若夫妲己之称，不更以其柔媚而可爱乎？至于公之、婆之、儿之，此又世俗所常称，更不足为猫异。独异其禀性乖觉，气机灵捷。治鼠之余，非屋角高鸣，即花阴闲卧，衔蝉扑蝶，幽戏堪娱。哺子狎群，天机自适。且于世无重坠之累，于事无牵率之悮，于物殖有守护之益，于家人有依恋不舍之情，功显趣深，安得不令人爱重之耶！以故穿柳裹盐，聘迎不苟；

铜铃金锁，雅饰可观；食有鲜鱼，眠有暖毯，士夫示纱橱之宠，闺人有怀袖之怜，而其享受所加，较之群兽为何如耶？然则，猫之系结人事世缘，若有至亲切而不可离释者，方有若斯之嘉遇。此猫之所以视群兽有独异焉者。呜呼！血肉之微，亦阴阳偏胜之气所钟，宜乎补裨物用，缔契名贤，贻光毛族多矣，庸非猫之荣幸乎哉！人莫不有好，我独爱吾猫，盖爱其有神之灵也，有仙之清修也，有佛之觉慧也；盖爱其有将之猛也，有官之德也，有王之威制也。且爱其无鬼、无妖、无精之可憎、可怯、可畏之实，而有为鬼、为妖、为精之虚名也；且爱其有姑、有兄、有奴、有妲己之可怜、可喜、可媚之名，而无为姑、为兄、为奴、为妲己之实相也；抑又爱其能为公、为婆、为儿之名，实相副也，此余《猫苑》之所由作也。

序（译文）

猫的一生，和其他的野兽无异，只是因为跟人亲近而与世结缘，我们看其他的动物也没有区别。古代有过以猫为神的崇拜，把猫当作神灵，有称呼它为仙物的，大概都是一些清修的道士，佛门中也有养猫的人，大概是能从中领略到一些禅意。有人因为它的凶猛，给它取名为将军，有人因为它有德行，封它为官，有人因为它的威仪，封它为王。这些都是猫中的异类，像其他因为猫的鬼魅而憎恶它，因为猫的妖异而害怕它，因为猫的精明而敬畏它的，这些都是猫中的卓尔不群之个体而导致的。但是妖不妖异是人的感觉，关人家猫什么事呢？还有那些叫猫为姑、为兄、为奴的人，大概是非常喜欢猫了。看来不称呼它为妲己是不能彰显它的柔媚了？至于那些喊它爸爸、妈妈、儿子的，这些都是世俗中常见的称呼，用在猫身上也不足为奇。

因为猫的性格乖张，好动机敏，除了抓老鼠以外，基本都待在屋角高檐或者卧在花荫草丛之中，衔蝉扑蝶好不快活。无论是带孩子还是和其他猫相处，猫都能处理得很好，并且也没有什么负担，无牵无挂。它既能抓老鼠保护庄稼，长相又乖巧讨喜，怎么能不让人喜欢它、看重它呢？所以才有那么多人穿柳裹盐去迎一只猫到家里，给它带铜铃金锁，把它打扮得漂漂亮亮的。在吃住方面也不亏待它，新鲜的鱼、厚暖的毛毯来招呼。士大夫们玩的就更高级些，用纱幮来彰显自己的宠爱，贵妇人们每天抱在怀里，这种待遇，其他动物比得了么？呜呼，万物都有阴阳调和之分，猫血肉之躯虽然微小，但是对人却有大作用，称得上是神兽，地上的动物何其多也，但仅仅只有猫有这样的荣幸。每个人都有各自的爱好，我唯独喜欢猫，大概猫是世间的灵物吧。修仙之人爱其清雅，修佛之人爱其禅慧，有人喜欢它的勇猛、德行、威仪，那些害怕它身上的鬼魅、妖异、精怪性质的人，其实是他们自己身上有这些缺点，不过打着冠冕堂皇的由头罢了。那些把它当姑嫂、兄弟、妾奴、妲己来疼爱的人，是喜欢它可怜、可媚、可爱的相貌，那些把它当作爸爸、妈妈、儿女来疼爱的，大概是真把它当自己家人了。这也是我《猫苑》的一家之言。

时咸丰壬子长至日，黄汉自序。

凡例

一、猫事本无专书，古今典故仅散见于群籍。今仿昔人《虎荟》、《蟹谱》暨《蟋蟀经》之例，广用搜罗，辑成兹集，无论事之巨细雅俗，凡有关于猫者皆一一录之，以裕见闻。

二、兹集无异为猫作全传，头绪纷繁，叙次最易紊乱，今分门为七：曰种类、曰形相、曰毛色、曰灵异、曰名物、曰故事、曰品藻，凡所收典故诗文各以类从，阅者易于醒目。

三、各门中猫事大抵出于经史子集及汇书说部，若或有所引证辩论，皆另列，按语于本条之左。

四、猫事凡载群籍者，皆顶格直书于本条下，注明见某书。其本无书所载，而出于前辈笔记故旧传闻，人虽作古，其所遗或小简、或尺牍、或片识，并各于本条下注明，见有来历，亦顶格直书。

五、凡现今诸公交游有所论列，并另有诗文集可采者，皆随其事于各门中低二格书之，示有区别。

六、诸交游因予有兹纂，或代征故实，或代借书籍，大有襄助之益，至为厘订而鉴定，采辑而商榷，尤足起予故陋，厥功皆不可泯。如潮州太守钱塘吴公云帆均、翰林待诏镇平黄公香铁钊、连平刺史同里张公孟仙应庚、广东潘参军新建裘君子鹤桢、知鹾山阴胡君笛湾秉钧、番禺孝廉丁君仲文杰、上舍朱君竹阿元撰名铭、暨桐城姚翁百征龄庆、山阴陶翁蓉轩汝镇、昆陵张君槐亭集、锡山华君润庭滋德、寿州余君蓝卿士锳及陶文伯炳文也。文伯为蓉轩翁哲嗣，英年好学，博涉群书，于予是辑尤为多助。若夫江浦巡尹同里陈君寅东杲，则专任校勘者也。此外凡说一事，献一义，则其姓氏亦不可遗，已于各门本条上冠列苔岑夙契，同俾有征。

七、是编引用书目繁杂，兹不另为标列，惟《两窗杂录》系王碧泉先生所纂。先生名朝清，字辰哲，永嘉人。耆年硕德，为枌榆引重。其书记载事物有裨考镜，余于进士郑星舟明府署中见之，今得采列诸条，尚系昔日抄存者。为故老留手泽于什一，未始非斯文之幸。

八、古今书籍何限，人世事物无穷。凡耳目之未接，品类之未备，殆亦非少。窒漏贻讥，知所难免，更俟博雅君子与夫同志者续之焉可。

九、全书剞劂将竣，续有所获，故事不能按门增入，拟列之补遗，附于卷末，未免有遗珠之憾，仍俟积有卷帙，再行付梓。

十、是辑因作客余闲采录以成，两阅暑寒，不过以饾饤为事，深愧琐琐笔札无裨世用。然而结习所在，乐此不疲。昔人云：『聊用著书情，还此他乡日。』夫固非予之本志也，识者谅之。

黄汉识

凡例（译文）

猫之事没有专著去记载的，古今的一些典故也散见在众多古籍里。现在《猫苑》一书效仿古人撰写《虎荟》、《蟹谱》、《蟋蟀经》的方式，搜罗古今之猫事编纂成册。不论事之大小、雅俗，都一一收录，内容详实广博。

给猫写专著，头绪纷繁，一个不好容易杂乱，所以我把内容分为七章，分别是：种类、形象、毛色、灵异、名物、故事、品藻，凡是搜集的典故诗文，都各自归类，方便读者查阅。

各个章节里有关猫的记载大多选自经史子集及其他书里，或有引证、辩论都另列按语在本条之旁。

在古籍里有记载的猫事，都会放在条款顶格，注明来自哪本书，如果不是出自某书中而是出自前人的笔记见闻，也都会在每条下面注明，如果出处明了，也会放在顶格。

凡是朋友的文章论述，或者有诗集文章可用的，也会放在各个章节下的次要位置，以示区别。

诸位朋友有帮忙编纂的、也有口述典故的、也有帮忙借赠书籍的都给了我很大帮助，至于那些在编纂采集中未采用的典故事迹，也给了我很大启发，都功不可没。像潮州太守钱唐吴云帆、翰林待诏镇平黄香铁，连平刺史同里张孟仙，广东参军新建君子潘鹤桢，知鹾山阴胡东钧，番禺孝廉丁仲文，上舍朱竹阿，暨桐城姚龄庆，山阴陶汝镇，昆陵张集，锡山华滋德，寿州余士锳，及陶炳文等，都给了我很大帮助，鸣谢以上各位朋友。陶文伯是蓉轩前辈的儿子，早年好学，博览群书，给我帮助甚多。又像夫江浦巡尹同里的陈果先生，就专任此书的校勘工作。另外，只要是为这本书出过力、提供过典故、传说帮助的人，其姓名也都在每条后面加以冠列，这些都是志同道合的朋友，应当在书里留有他们的名字。

为了编写《猫苑》这本书，引用的书目巨多，就不一一列举了，但是《两窗杂录》这本书是王碧泉先生所编写，先生名朝清，字辰哲，永嘉人，年岁虽高，但是学识渊博、德高望重，因此特地标注出来，他书里所记载的事物，对我的考证大有裨益。我是在进士郑星舟的府中看到这本书，今天摘录了书里众多的内容，都是老先生当时所保留下来的，不能不说是《猫苑》的幸运。

凡例（译文）

古今的书籍能够保存下来的甚少，而人间的事物是无穷的，人们所没观察得到的事物还有很多，有所遗漏是难免的，需要后世的广博学识之人继续努力填补。

《猫苑》刚刚写完，后续有更新的内容不能放在每一章的后面，准备另列补遗一章附在卷末，这样难免会有遗憾，等到以后积累更多，再版的时候再加以修订。

写这本书，其中编纂、采补文集等一年之中校阅两次，不过像堆砌辞藻、水文的做法，我是极为不齿的。笔杆子看似没啥大用，但是写作一事，我还是乐此不疲。古人云：『聊用著书情，还此他乡日』像这种轻松闲适的心态却不是我的风格，还望大家谅解。

目录

卷上

卷下

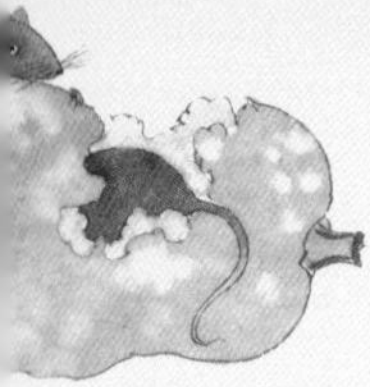

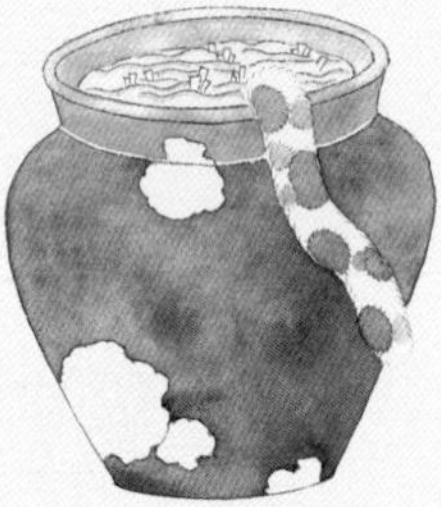
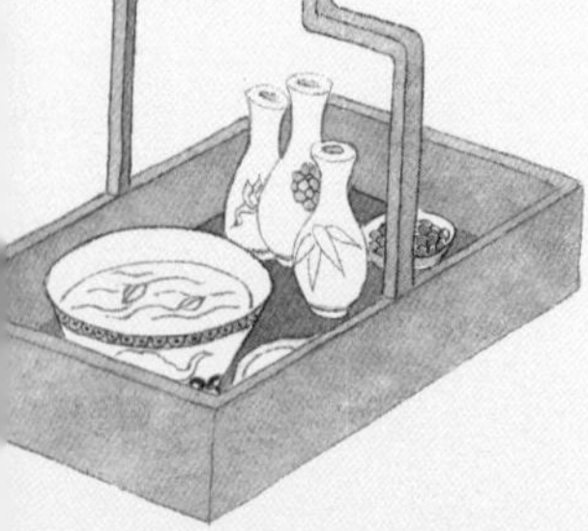

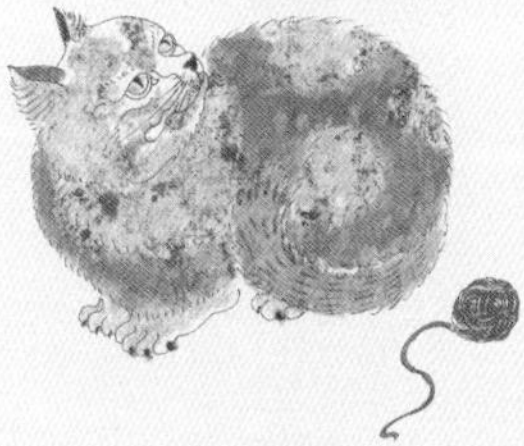

卷上

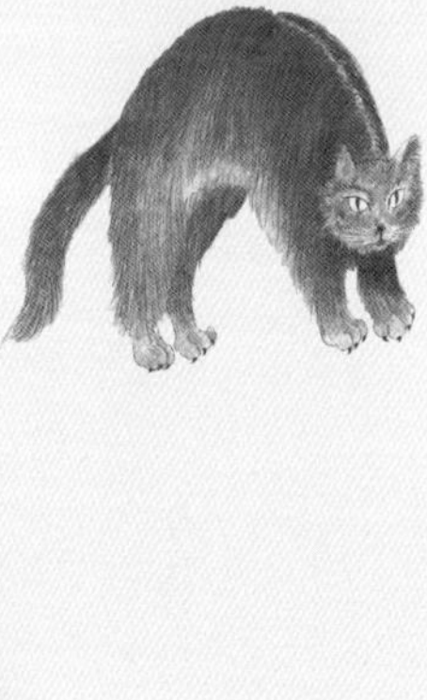

原　译　注

夫兽类其繁乎！猫固兽中之一类也，然其种之杂出，又甚不同，以之尚论，必固厥类而推暨其种，非特资辨证，则亦多识，夫鸟兽之名之一助也。辑种类。

鼠害苗而猫捕之，故字从苗。《埤雅》

猫有苗、茅二音，其名自呼。《本草纲目》

猫豾狸之属也。《博雅》

猫本狸属，故名狸奴。《韵府》

汉按：《说文》：『猫，狸属。』豾狸，《广雅》作貔狸。

野兽的种类十分繁杂！猫固然是野兽中的一种，然而其种类衍生来的（亚种），又大不一样。总而言之，要从大类里面推导出特别的品种，如果不是专门去辨认、验证，那么从一些其他的鸟兽的名字里借鉴也可以得到帮助。因此编辑种类这一章。

老鼠糟蹋禾苗庄稼，人们养猫来抓它，所以猫的名字发音来源于『苗』。

猫的发音有『苗』『茅』两种，都是源自它自己的叫声。

猫，黄鼠的一种。

猫，本是狸的一种，所以叫『狸奴』。

猫之为兽，其性属火。故善升喜戏，畏雨恶湿，又善惊，皆火义也。与虎同属于寅。或谓猫属丁火。故尤灵于夜。《物性纂异》

吴云帆太守曰：《六壬大全》载，白虎昼主虎豹，夜主猫狸。螣蛇天空，则主猫狸之怪。又占脱物，看类神，木植棹橙，席猫视寅，见《大六壬行源》。

汉按：猫虎气类颇同。《诗》云：『有猫有虎』，故连类及之。或说类书载虎属寅得丙，猫属卯得丁，故虎禀纯阳之气，而猫则阴阳兼有也。于义亦通。

注：《说文》中提道：『猫，狸属』。豾狸，《广雅》写作貔狸。

猫这种动物，在五行上属火。所以它好攀爬好嬉戏，讨厌下雨天和潮湿的环境，又容易受到惊吓，这些都是属火的表象。猫和老虎在时辰上属于寅时，又称其为属丁火，所以猫在夜间尤其灵活。

吴云帆太守曾说过：《六壬大全》上记载，白虎昼主虎豹，夜主猫狸，是所有猫科动物的保护神。螣蛇星是隶属于北方七宿的星官，也主管猫狸之物。如果从动物的占卜法看，则以月将为类神，以十二属相为例，猫则主寅。

原 译 注

汉又按：古者猫狸并称，《韩非子》：『将狸致鼠，将冰致蝇，必不可得。』又：『使鸡司夜，令狸执鼠，皆用其能。』《庄子》：『羊沟之鸡，以狸膏涂头，古斗胜人。』注：『鸡畏狸膏』。又《说苑》：『使骐骥捕鼠，不如百钱之狸。』又《盐铁论》：『鼠穷啮狸。』凡此皆是也。《抱朴子》：『寅日山中称令长者，狸也。』是猫为狸类，与虎同属于寅。诸义悉合。

详情可见《大六壬行源》。

注：猫虎习性类似，《诗》云：『有猫有虎』，所以类比在一起。有其他书记载虎在天干地支上属寅得丙，猫属卯得丁。所以虎代表纯阳之气，而猫是阴阳兼有之，在道理上也说得通。

又注：在古代，猫和狸并称。《韩非子》：『用狸来吸引鼠，用冰块来吸引苍蝇，注定会失败。』又有：『让鸡来提醒时间，让狸来捕捉老鼠，都能发挥他们的作用。』《庄子》：『羊沟（斗

家猫为猫，野猫为狸。狸亦有数种。大小似狐，毛杂黄黑，有斑如猫，圆头大尾者，为猫狸，善窃鸡鸭。《正字通》

汉按：俗谓阔口者为猫，尖嘴者为猫狸。

鸡处）的鸡，用狸的膏油涂在鸡头上，往往能够获胜。』编者批注：『鸡畏狸膏』。《说苑》上又有：『让千里马来抓老鼠，还不如一只价值百钱的狸猫。』《盐铁论》中有言：『老鼠急了还咬猫。』这些都是最早有关狸猫的记载。《抱朴子》：『寅日山中称令长者，狸也。』这些表示猫属于狸的一种，和虎同属于寅。这些典故的意思相差无几。

家猫叫猫，野猫称为狸。狸也有数种。大小与狐狸差不多，毛色黄黑夹杂，毛上有着斑点，头圆尾巴大的是狸猫，擅长偷食鸡鸭。

注：俗称大嘴巴的是猫，尖嘴巴的是猫狸。

种类

原

一种灵猫，生南海山谷，壮如狸，自为牝牡，阴香如麝。《本草纲目》

注

黄香铁待诏钊曰：灵猫见《肇庆志》，即《山海经》所谓类也。自为牝牡，又名不求人，状如猫，而力甚猛，其性殊野。夏森圃观察摄肇庆府篆时，市得其一，以《山海经》有食之不妒之说，命庖人烹之，以进其夫人。不欲食，乃送书房佐餐。余时课其公子读，食之，其味似猫肉。

译

有一种灵猫，生在南海的山谷中，如狸般大小，雌雄同体，阴部的阴腺会散发麝香味。

黄香铁（原名黄香铁，清代人士，下同）说：灵猫，见《肇庆志》，即《山海经》上的分类。雌雄同体，又叫『不求人』。形状像普通的猫，但力气很猛，野性难驯。夏森圃观察任肇庆府篆时，买到了一只。因为《山海经》有吃它就不会产生妒忌心理的说法，便命大厨把它煮了送给他的夫人食用。夫人不想吃，于是送到书房当零食。下课时他的孩子吃了，味道与猫肉类似。

原　译　注

一种香猫，如狸，出大理府，纹如金钱豹，此即是《楚辞》所谓纹狸，王逸称为神狸。《丹铅录》

《星禽真形图》：心月狐，有牝牡两体，其神狸乎？《本草集解》

香狸有四处肾，其能自为牝牡。《酉阳杂俎》

汉按：《楚辞》之神狸，与《星禽图》之神狸，名实似乎不同。盖一指兽言，一指星精言。其自为牝牡之说，则与《本草》所谓灵猫、《山海经》所谓类者，皆一物也。至于黑契丹亦产香狸，纹似土豹，粪溺皆香如麝，见刘郁《西域记》。此则与陆氏《八纮译史》所载阨入多国之山狸，其形似麝，脐有肉囊，香满其

有一种香猫，像狸，出自大理府，纹路像金钱豹一样，这就是《楚辞》中提到的『纹狸』。王逸称之为神狸。

《星禽真形图》上提道：『心月狐（又为古代二十八星宿之一），有雌雄两种体态。』这是神狸吗？

香狸在体外有着四个肾腺，雌雄同体。

注：《楚辞》中的神狸，与《星禽图》中的神狸，名字相同但所指事物不一样。大概一个指野兽的名字，一个指星宿的名字。其中雌雄同体之说，则与《本草》中指的灵猫、《山海经》中提到的是同一件事儿。至于契丹，也出产香狸，纹路与土豹类似。排泄物皆散发麝香的气味，可见刘郁的《西域记》。这里有陆氏的《八纮译史》中记载的，许多国家的山狸，

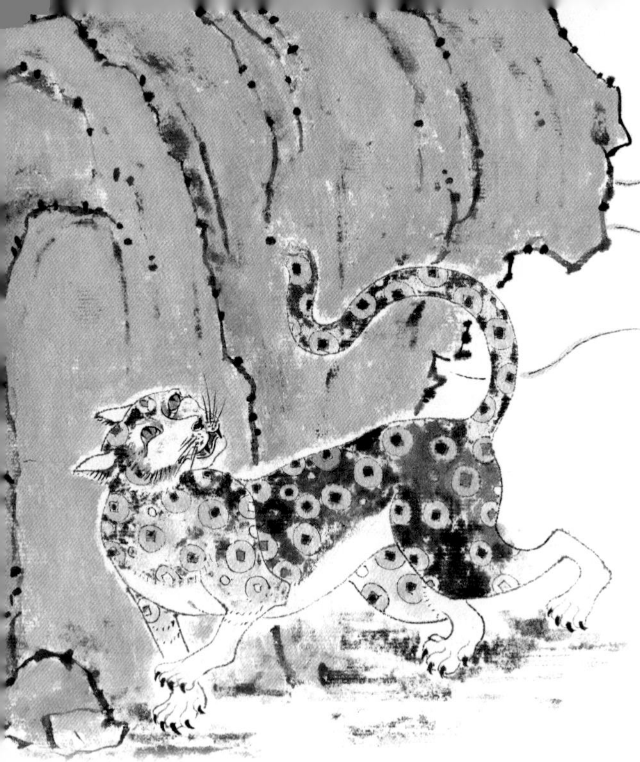

中者，似又非类中之同类尔，惟皆称狸不称猫。而《丹铅录》乃云香猫即神狸，其必有所据也。

脐处有肉囊，香气盈满其中，但是各自又不都是同一类，只是都称作狸而不称作猫。而《丹铅录》中提道：『香猫就是神狸。』这必然有其道理。

原 译 注

一种玉面狸，人捕畜之，鼠皆贴伏不敢出。《广雅》

汉按：《闽记》：『牛尾狸，一名玉面狸，亦善捕鼠。』而张孟仙刺史应庚曰：『神狸、玉面狸，皆言狸，实非猫也。虽有野猫为狸之称，但野猫形近于猫，不过家与野之分耳。狸则长身似犬，大有不同，盖狐之属。』

有一种玉面狸，（又称牛尾狸、果子狸，捕鼠胜于猫），人们抓到后驯养起来，老鼠都不敢出来作祟。

注：《闽记》中记载：『牛尾狸，又叫玉面狸，也擅长捕鼠。』但是张孟仙刺史（应庚）说：『神狸和玉面狸都只是狸而不是真正的猫，虽然也有野猫称狸，但野猫与猫大体相同，不过只是有着家养和野生的分别而已。而狸则是身长如狗，和猫大有不同，大概可分到狐狸的类别里去。』

原 译 注

一种名蒙贵，类猫而大，高足而结尾，捕鼠捷于猫。《海语》

汉按：《广东通志》作獴，有黑白黄狸四色，产暹罗者最良。安南亦产蒙贵，见《八纮译史》。考《尔雅》作『蒙颂，猱状』。郭注：『状如蜼而小，紫黑色，九真、日南出之。』而《集韵》乃云：『猱即蒙贵也。紫黑色，捷于捕鼠。』李雨村《粤东笔记》云：『《海语》以舶估挟至广，常猫见而避之，豪家每以十金易一。今粤人所称洋猫，大抵即獴也。然而虞虹升徹以蒙贵非猫，今称猫为蒙贵者误，见《天香楼偶得》。』

有一种有名的蒙贵（猫的别名），比寻常的猫大一点，脚长而尾巴卷曲，比普通猫捕鼠要敏捷。

注：《广东通志》中写作獴，有黑、白、黄、狸四种颜色，产于泰国的最好。越南也出产这种蒙贵猫，详情可见《八纮译史》。在《尔雅》中有这么一句：『蒙颂，猱状』，郭璞症注：『蒙贵样子像猱这种猴子，但是体型要小，紫黑色，出产于越南的中部。』但是《集韵》上说：『猱就是蒙贵，紫黑色，非常擅长捕鼠。』李雨村《粤东笔记》中提道：『《海语》这本书有记载：古人以船舶贩运蒙贵到广东，寻常猫看到它纷纷躲避，有钱人往往重金购买。现在广东人所称的洋猫，大抵就是蒙贵。然而虞虹升则认为蒙贵不是猫，当今把猫叫作蒙贵的这种说法是错的，具体可以参看《天香楼偶得》这本书。』

黄香铁注：《陵水志》记载，有百斤重的海鼠，黄香铁待诏云：『《陵水志》载有海鼠重百斤，然犹畏猫，遇獴㺯啮其目而毙。』汉又按：乙苟满国，其鼠大如猫。见《八纮译史》。

仍然怕猫，遇到蒙贵，通常被咬掉眼睛后杀死。又注：《八纮译史》上记载，有一个乙苟满国，国中的老鼠就比猫崽要大。

原

一种虦猫，尽似虎而浅毛者，《尔雅》称为虎窃毛。

汉按：虦，《韵会》作虦，音栈。《玉篇》云：『猫也。』考《尔雅》，狻猊如虦猫，食虎豹。

译

有一种像老虎但是毛色非常浅的猫，名叫虦猫，《尔雅》上称之为虎窃毛。

注

注：虦，《韵会》上作虦，读音与栈相同。《玉篇》上讲：『所谓的虦就是猫。』《尔雅》上说神话中的猛兽狻猊就长得和虦猫一个样子，专吃虎豹。

原

一种海狸，产登州岛上，猫头而鱼尾。《登州府志》

汉前在山东见一猫，头扁而尾歧，盖方琦广文云此产皮岛中，名岛猫，或呼磝猫，其状极似登州海狸也。

译

有一种海狸，出产于登州岛上，有着猫的头和鱼的尾巴。

我前些日子在山东看见一只猫，扁头、尾巴分岔，大概就是方琦、广文提到的产自皮岛中的岛猫，或许叫磝猫，和登州海狸极为相似。

注

一种三足猫，人家得此主富乐，故云『猫公三足，主翁富乐。』《相畜余编》

山音诸缉山熙曰：『电白县水东镇浙人杨姓，畜一猫而三足，后一足短软，不具其形，其眼一黄一白，俗呼日月眼，甚瘦小，声亦细，鼠闻声辄避，见狗即登其背，龁其耳，狗亦畏之。』

有一种三脚猫，百姓认为其象征着富贵幸福，所以有俗语：猫公三足，主翁富乐。

山阴诸缉山（熙）说：电白县水东镇有一位姓杨的人，养了猫，有一只后腿又短又软，没有成型。眼睛一黄一白，俗称日月眼，这只猫非常瘦小，声音也很细微，老鼠听到它的声音就躲开。它看到了狗却爬到狗的背上，咬狗的耳朵，狗也怕这只猫。

原 译 注

一种野猫花猫，宋安陆州尝以充贡，李时珍谓即虎狸、九节狸。《本草纲目》

汉按：《格物论》：『九节狸，金眼长尾，黑质白章，尾纹九节。』《本草集解》谓：『似虎狸，而尾有黑白钱纹相同者为九节狸。』第此既有野猫、花猫之称，自是猫属，则与《闽记》所称牛尾狸、亦名玉面狸者同。能祛鼠，似不得概指为狐狸也。

有一种野猫、花猫，宋代安陆州曾将其作为贡品，李时珍称其为虎狸、九节狸。

注：《格物论》提道：『九节狸，金眼长尾，黑色的身子上有着白色的花纹，尾巴分为九节』《本草集解》上讲：『模样像虎狸一样，尾巴有着黑白色相间的铜钱花纹的就是九节狸。』这种猫既然有野猫、花猫之称，自然属于猫类，就像《闽记》中提到的牛尾狸又叫玉面狸的例子一样，都能治鼠害，所以不能划分到狐狸等其他类别中去。

原　译　注

一种四耳猫，出四川简州，神于捕鼠，本州岁以充方物。《西川通志》

张孟仙刺史云：『四耳者，耳中有耳也，州官每岁以之贡送，寅僚所费猫价不少。』

华润庭云：『昔李松云中丞之女公子爱猫，中丞守成都时，简州尝选佳猫数十头，并制小床榻，及绣锦帷帐以献。孙平叔制军有女孙亦爱猫，督闽浙时，台湾守令所献亦多美猫。』润庭，名滋，德阳山人。

裘子鹤参军桢云：『以床榻绣锦帷帐处猫，此古今创格，张大夫之绿纱幮，不得专美于前矣。』汉按：猫有绿纱幮，幸矣，不意后世复有绣锦帷褥之享也。第猫多畏寒，冬日，余尝制棉裸衣之，免使煨竈投床，不犹愈于纱幮锦褥者耶？

有一种四耳猫，出自四川简州，捕鼠的功夫出神入化，每年简州会以它来抵交贡赋。

张孟仙说：『四耳指的是耳朵里面还有耳朵，简州官僚每年用四耳猫来赠送宾客官僚，所花的开销不少。』

华润庭说：『以前李松云的女儿喜爱猫，李在成都当官时，简州的地方官曾经找寻几十只上好的猫，并给它们做了小床榻和华丽的帷帐一并送了过去。孙平叔有个小孙女，也爱猫，在福建、浙江做长官时，台湾的官员也给他送去了很多美猫。』润庭，名滋，德阳山人。

裘子鹤参军（桢）说：『用华丽的帷帐、精致的床榻来供养猫，此乃古今未

有之事，张大夫的绿色纱幮，从此不能独享这种美誉了。』注：猫有华丽的帷帐床榻是很幸运的事情，它们不会料到它们的子孙会有继承这奢华的床榻被褥的福气。猫是十分怕冷的动物，一到冬天，我就给它们做些小棉袄，好让它们省去以蹭炉灶、躲床榻来避寒的麻烦，这种方式要比给它们做奢华的床榻高明多了。

原 译 注

一种狮猫，形如狮子。《老学庵笔记》

张孟仙曰：『狮猫，产西洋诸国，毛长身大，不善捕鼠。一种如兔，眼红耳长，尾短如刷，身高体肥，虽驯而笨。近粤中有一种无尾猫，亦来外洋，最善捕鼠，他处绝少见之，可谓绝品，不得概以洋猫而薄之也。』

张心田炯云：『狮猫眼有一金一银者，余外祖胡公光林守镇江，尝畜雌雄一对，眼色皆同。余少住署中，亲见之。』汉按：金银眼又名阴阳眼。

汉按：狮猫，历朝宫禁卿相家多畜之，咸丰元年五月，太监白三喜，使侄白大进宫取狮猫。另因他事，酿案奏办，见《邸报》。

有一种狮猫，形状像狮子。

张孟仙说：『狮猫，产自西方国家，毛长身大，不擅长捕鼠，还有一种狮猫像兔子，眼红耳长，尾巴像刷子一样短，身高体肥，即便有人驯养，但还是笨。最近广东有一种无尾猫，也是外国来的，最擅长捕鼠，其他地方基本看不到，可以说是极品，不能因为同是外国猫就一概而论，贬损它们。』

张心田（炯）说：『狮猫的眼睛有的呈现一金一银的颜色，我的外祖父在镇守镇江时，曾经养过雌雄一对狮猫，眼睛的颜色就是这样，我小时候在他家亲眼见过。』注：金银眼又叫阴阳眼。

注：狮猫，历代的达官贵人大多都养过。咸丰元年五月，太监白三喜让他的侄子白大到宫里拿狮猫，后来因为其他事，被查了出来，详情见《邸报》。

原

一种飞猫，印第亚，其猫有肉翅，能飞。《坤舆外记》

汉按：李元《蠕范》亦载此，惟不指明西洋何国。考《八纮译史》并《汇雅》，天竺国及五印度，猫皆有肉翅，能飞，即此欤？

译

有一种飞猫，生活在印第亚这个国家，这种猫长着肉翅，可以飞起来。

注

注：李元的《蠕范》也记载了这段，但唯独没有指明是哪个国家，参考《八纮译史》和《汇雅》上的内容，在印度和南亚某些国家，猫都有肉翅，能飞，这两者所指的是同一种物种吗？

注

原

一种紫猫，产西北口，视常猫为大，毛亦较长而色紫，土人以其皮为裘，货于国中。王朝清《雨窗杂录》

译

有一种紫猫，原产于西北，比寻常猫大一些，毛也长不少，但是是紫色，当地人用它的皮做成裘皮大衣，卖到中原等地。

注 译 原

一种歧尾猫，产南澳，其尾卷，形若如意头，呼为麒麟尾，亦呼如意尾，捕鼠极猛。

海阳陆章民盛文云：『南澳地如虎形，产猫猛捷，惟忌见海水，谓能变性。携带内渡者，必藏闭船舱，方免此患。』

山阴丁南园士莪云：『海阳县丰裕仓有猫，麒麟尾，善于治鼠，一仓赖焉。』

潮阳县文照堂自莲师，有小猫一只，尾稍屈如麒麟尾，纯黑色，惟喉间一点白毛如豆，腹下一片白毛如小镜，虽《相猫经》未有载名，可称喉珠腹镜也。汉自记。

有一种尾巴分岔的猫，产自于南澳，尾巴卷曲，形状像一个如意头，号称麒麟尾，又叫如意尾，抓老鼠十分厉害。

海阳人陆章民（盛文）说：『南澳的地形像老虎一般，因此出产的猫也十分凶猛敏捷，只是唯独怕见海水，听说见了海水就会性情大变。有从南澳带猫回来的人，必定会把猫放在闭塞的船舱里，才能免除这个隐患。』

山阴人丁士莪说：『海阳县的丰裕仓，有种麒麟尾的猫，擅长捕鼠，一仓的人都仰赖此猫捕鼠。』

潮阳县文照堂的自莲师，养过一只小猫，尾巴稍稍卷曲像麒麟尾，猫身纯黑色，唯有喉咙下有一片豆大的白毛，肚子下有一块如小镜子般大小的白毛。即使是《相猫经》上也没有提过这种现象，暂可称之为『喉珠腹镜』，编者自记。

山阴孙赤文定蕙云：『山阴西湾人家，有一白猫，尾分九梢，梢有肉椿，皆极细，而各梢之毛，毵毵然如狮子尾，人呼为九尾猫。』

山阴人孙赤文（定蕙）说：『山阴西湾人家中，有一只白猫，尾巴末端分九个梢，梢内有肉椿，都非常细小，而各个梢上的毛，像狮子尾巴那样细长，人称九尾猫。』

注 译 原

毛犀，即象也，善知吉凶。人呼为猫豬，交广人谓之豬神。《丹铅录》

黄香铁待诏云：『崖州有一种猫蛇，其声如猫，见《琼州志》。』

胡笛湾知鹾云：『仙蜂，出休舆山，形如猫，爱花香，闻有异香，虽远必至，食而后返，见《女红余志》。』

汉按：《山海经》有兽如狸，白首，曰天狗，食蛇，其音如猫。又忽鲁谟斯国奇兽，名草上飞，大如猫，而玳瑁斑，百兽见之皆伏。尤悔庵《外国竹枝词》：『玳瑁斑斑草上飞。』见《龙威秘书》。

又亚毗心域国物产，有亚尔加

毛犀，就是大象，擅长预测凶吉。人们称它为猫猪，广东人称之为猪神。

黄香铁说：『崖州有一种猫蛇，它的声音像猫，参考《琼州志》。』

胡笛湾盐政官说：『仙蜂，出自休舆山，形体像猫，喜爱花香，闻到异香，不管有多远都会前往。吸食过花蜜后返回。参见《女红余志》。』

注：《山海经》上记载：有一种野兽像狸，白头，叫天狗，吃蛇，它的头像猫。另外有一种忽鲁谟斯国的奇兽，名叫草上飞，大如猫，长着玳瑁一样的斑点，百兽见了它都要跪伏。尤悔庵的《外国竹枝词》写道：『玳瑁斑斑草上飞。』见《龙威秘书》。

其次，在亚毗心域国的亚尔加里

里亚，其兽如猫，尾后流汁，黑人阱于笼中，以刀削其干汁，以为奇香。又亚鲁小国有飞虎，大不过如猫，有肉翅，飞不能远。并见《八纮译史》。

又蚺蛇声甚怪，似猫非猫。又有鸟猫，首似鸺鹠，鸣曰：『深掘深掘。』并见《赤雅》。

以上皆非猫而有猫之形声名状者，其于猫，诚为非类而类也，故附兹篇末，以备异览。

亚，出产一种像猫的野兽，尾巴后面渗流汁水，黑人做牢笼捕捉它后，用刀把它尾巴上的汁液削下来，制成香料。亚鲁小国有一种飞虎，比猫稍小，有肉翅，但不能飞得很远。一并参见《八纮译史》。

又有一种野兽，声音像蚺蛇叫，非常怪异。另外有一种鸟猫，头像鸺鹠一样，鸣声好似『深掘深掘』，一并参见《赤雅》。

以上都是有猫的形、声、名、状但实际不是猫的品种，对于猫来说这些并非同族而是类似的同类。所以放在篇尾，以备查阅。

形相

原 译 注

何物无形，何物无相，形相既具，优劣从分，况猫之优劣系击于形相间者尤挚，故因言种类而继及之，取材者可从而类推焉。缉形相。

猫之相，有十二要，皆出《相猫经》，兹备录之。

任何事物都有它的形状和模样，形状和模样都有了，那么自然就有优劣之分。况且猫的优劣十分依赖于自身的形貌。上一章谈到了猫的种类，所以接下来要说的就是形相，选猫的人可以从猫的形相来参照，因此编纂形相这一章。

猫的相貌，有十二种好相，都出自于《相猫经》，全部记载在下面。

原　译　注

头面贵圆。《经》云：『面长鸡种绝。』

耳贵小贵薄。《经》云：『耳薄毛毡不畏寒。』又云：『耳小头圆尾又尖，胸膛无旋值千钱。』

汉按：李元《蠕范》云：『猫性畏寒，而不畏暑。』《花镜》云：『猫初生者，以硫黄纳猪肠内，煮熟拌饭与饲，冬不畏寒，亦不恋灶。』

眼贵金银色，忌黑痕入眼，忌泪湿。《经》云：『金眼夜明灯。』又云：『眼常带泪惹灾星。』又云：『乌龙入眼懒如蛇。』

汉按：《神相全编》：人相得猫眼，主近贵隐富。又按：乌龙入眼之猫，未必皆懒，余尝畜之，勤捷弥甚，惟患遭凶，盖恶纹犯忌故耳。

猫的脑袋和脸都要圆润才好，《经》上说：『脸长的猫会把鸡吃光。』

猫的耳朵要小巧细薄才好。《经》提道：『耳朵薄、毛厚的猫就不怕冷。』又提道：『耳朵小、头圆、尾巴尖、胸口上没有旋涡状的毛发的猫非常值钱。』

注：李元在《蠕范》中写道：『猫的天性怕冷，但不怕热。』《花镜》上提道：『初生的小猫，用猪肠裹点硫黄，煮熟之后拌饭给它吃，这样它冬天就不怕冷，也不会躲在炉灶旁。』

猫的眼睛要金色、银色才好，忌讳有黑痕和泪湿的眼睛。《经》中提道：『金色眼睛的猫在夜晚犹如明灯一般。』又提道：『猫眼总是流泪的话会带来灾祸。』又提道：『眼睛中有黑痕的猫懒得像蛇。』

鼻贵平直，宜干，忌钩及高耸。《经》云：『面长鼻梁钩，鸡鸭一网收。』又云：『鼻梁高耸断鸡种，一画横生面上凶。头尾欹斜兼嘴秃，谓无须。食鸡食鸭卷如风。』

须贵硬，不宜黑白兼色。《经》云：『须劲虎威多。』又云：『猫儿黑白须，屙尿满神炉。』

腰贵短。《经》云：『腰长会过家。』

后脚贵高。《经》云：『尾小后脚高，金褐最威豪。』

爪贵藏，又贵油爪。《经》云：『小露能翻瓦。』又云：『油爪滑生光。』陶文伯炳文云：『猫行地，有爪痕者，名油爪，此为上品。』

注：《神相全编》上说：『人们通过探查猫的眼睛，可以侦测出富贵之相』又注：黑痕入眼的猫，未必都懒，我曾经养过一只这样的猫，十分勤快。敏捷，不过脑子有点不好使，可能是黑痕带来的副作用吧。

猫的鼻子要平直，最好干燥些，忌钩鼻和高耸的鼻子。《经》上说：『脸长、钩鼻梁的猫，特别好吃鸡鸭。』又：『鼻梁高耸的猫能吃光家里的鸡，花纹横生的猫脸就显得很凶。头尾斜歪、没胡须的猫，吞食鸡鸭的效率杠杠的』

猫的胡须贵在硬，不宜同时长出黑白两色的胡须。《经》上说：『胡须越生硬，就越有着老虎的威猛。』又：『猫长出黑

原　译　注

尾贵长细尖，尾节贵短，又贵常摆。《经》云：『尾长节短多伶俐。』又云：『尾大懒如蛇。』又云：『坐立尾常摆，虽睡鼠亦亡。』

汉按：猫以尾掉风，截而短之，则不能掉矣，威状大损。今越人养猫故截短其尾，殊失本真。遂安余文竹曰：『《续博物志》云：「虎渡河，竖尾为帆」，则猫之以尾掉风一语，亦自有本。』

声贵喊。夫喊，猛之谓也。《经》云：『眼带金光身要短，面要虎威声要喊。』

汉按：谚云：『好猫不作声』，非谓无声，若一作声，则

白两色的胡须，就会到处拉屎。』

猫的腰贵在短，《经》上说：『腰长的猫会上房揭瓦或窜到别人家捕鼠。』

猫的后脚贵在高，《经》上说：『尾巴短小、后脚高、金褐色的猫最好看。』

猫的爪子宜藏在肉垫中为佳，能分泌油脂的猫爪为佳。《经》上说：『露爪的猫容易上房揭瓦。』又：『猫的油爪光滑油亮。』陶文伯（炳文）上说：『猫走在地上会留下爪痕，名叫油爪，这是猫中上品。』

猫的尾巴贵在长而尖细，尾巴节要短，经常摇晃为佳。《经》上说：『尾巴长，尾节短的猫大多都很伶俐。』又：『尾巴大的猫懒得像蛇。』又：『坐着尾巴经常摇晃的猫，即便睡着了老鼠也得吓死。』

注：猫的威风全在尾巴上，登房上树更是

猛烈异常，甚有使鼠闻声惊堕者，此喊之足贵也。

猫口贵有坎，九坎为上，七坎次之。《经》云：『上颚生九坎，周年断鼠声。七坎捉三季，坎少养不成。』并见《挥麈新谈》《山堂肆考》。

桐城姚百征先生龄庆云：『猫坎分阴阳，雄猫则九七五，奇数也，九为上，七次之，五为下；雌猫则八六四，偶数也。八为上，六次之，四为下，但四坎者绝少，故雌者每佳，而雄者多劣，皆五坎也。』此说发前人所未言，盖从格致中来者，足以补《相猫经》之阙。

要凭着猫尾掉风，以便掌握平衡，如果将猫尾裁去一节，那么猫就会威严大损，变得乖巧老实，无法乱窜。如今越人养猫会故意截断猫尾，这是本末倒置啊。

遂安余文竹说：『《续博物志》提到老虎在渡河时会把尾巴竖起来做帆旗，由此可见猫以尾掉风这种说法，也是有根据的。』

猫的叫声贵在大声叫喊，喊这个字，本身就带有生猛的意思。《经》上说：『眼带金光身要短，要显露老虎的威猛，必须大声喊叫。』

注：谚语上说：『好猫不作声』不是说不出声，而是指一旦发声，就会猛烈异常，甚至能把老鼠吓得摔跟头，这样的叫声就弥足珍贵了。

口腔上颚部分棱多的猫最好，九条棱最好，七条棱次之。《经》上说：『上颚生出九条棱的猫，能够让家里一整年都听不到鼠叫声。七条棱的猫

原 译 注

睡要蟠而圆，藏头而掉尾。《经》云：『身屈神固，一枪自护。』

汉按：猫相具此十二要之外，又有所谓五长，名蛇相猫，亦良，盖头尾身足耳无一不长。若五者俱短，名五秃，能镇三五家，见《相猫经》。

王玥亭少尹宝琛初尉平远时，寓中多鼠，于民家索得一猫捕之，鼠患一靖。猫甚灵驯恋旧，虽养于公寓，时返故主。旋迁住衙署，仍不忘原寓及故主之家，常复遍历，盖三处往来，鼠耗皆绝。所谓佳猫之能镇三五家者，洵不诬已。

又按：粤人验猫法，惟提耳而四脚与尾随即缩上为优，否则庸

能连续抓九个月的老鼠，棱少的猫那就不好养。』一并见《挥麈新谈》《山堂肆考》。

桐城姚百征（龄庆）说：『猫的棱条数量有阴阳之分，公猫的棱是九七五，奇数，九条最好，七条次之，五条最差。母猫则是八六四，偶数，八条为上，六次之，四条为下。但四条棱的猫都很少了，所以母猫的棱条数往往都不错，而公猫大多都不好，都是五坎的。』这种说法是前人所没提到过的，大概是自己实践探究来的，可以弥补《相猫经》上的不足。

猫的睡姿要盘曲得越圆越好，要藏头露尾。《经》说：『睡姿盘屈、形神却稳固，尾巴宛如一杆枪般保护自己。』

注：猫的相貌除这十二要处外，还有所谓的『五长』，又叫『蛇相猫』，这种方法也不错，即指头、尾、身、足、耳五处都不长，若这五处

劣。湘潭张博斋以文谓掷猫于墙壁，猫之四爪能坚握墙壁而不脱者，为最上品之猫。此又一验法也。

都短就叫『五秃』，这种猫会异常威猛，也叫作『能镇三五家』。见《相猫经》。

王玥亭（宝琛）初到平远做官时，家里多老鼠，后来在平民家里求得一只猫，把老鼠消灭了个干净。这只猫不仅灵活好养，还很恋旧。虽然养在他家里，但还时不时跑回到老主人家里。等到王玥亭搬家时，这只猫仍不忘他原来的房子和旧主人的家，经常回去巡视，往返于这三处地方，鼠患都给解决了。所谓好猫能镇三五家，就是这个意思，古人真的没有骗我啊！

又注：广东人验猫的法子，就是提猫的耳朵，如果它的四条腿和尾巴马上往上缩的就是好猫，不然就是劣猫。湘潭张博斋（以文）称把猫往墙上摔，如果猫的四只爪子能紧抓墙壁不掉下来，就是最上品的猫，这又是一种验猫的法子。

毛色

原 译 注

猫之有毛色，犹人之有荣华。悦泽者翘举，憔悴者委靡，此固定理。然而美恶岐而贵贱判，否泰亦于是寓焉。夫有形相，斯有毛色，二者固相为表里也。辑毛色。

猫身上的毛色，就像人所拥有的财富一样。光润悦目的猫尾巴高举，憔悴的猫萎靡不振，一般都是这个道理。然而毛色的好坏影响猫的价值，猫的好坏也可以从毛色中窥探。猫既然有了形象，那么自然就会有毛色，二者互为表里，从而编写毛色这一章节。

毛色

原

猫之毛色，以为纯黄为上，纯白次之，纯黑又次之。其纯狸色，亦有佳者，皆贵乎色之纯也。驳色，以乌云盖雪为上，玳瑁斑次之，若狸而驳，斯为下矣。《相猫经》

汉按：纯黄为金丝，宜母猫；纯黑为铁色，宜公猫。然黄者多牡，黑者多牝，故粤人云：『金丝难得母，铁色难得公。』

凡纯色，无论黄白黑，皆名四时好。《相猫经》

姚百征云：『家伯山柬之宰揭阳日，于番舶购得一猫，洁白如雪，毛长寸许，粤人称为孝猫，蓄之不祥。后伯山升

译

猫的毛色，以纯黄色为最佳，纯白色次之，纯黑色又次之。纯棕色的猫也有不错的，不过都贵在毛色的纯粹。杂色的猫，以乌云盖雪为上，玳瑁斑其次，如果颜色既是棕色还偏杂，就落了下乘了。

注：金丝母猫和铁黑公猫都是佳品。因为黄色的猫多是公猫，黑色的猫多是母猫，所以广东人常说：『金丝难得母，铁色难得公。』

凡是纯色的猫，无论黄白黑，都叫『四时好』。

姚百征说他的大伯姚伯山（柬之）在揭阳做长官的时候，在海外的商船里买了一只猫，这只猫浑身洁白如雪，毛长一寸左右，广东人称这种猫为孝猫，养这种猫会带来不祥。不过后来他大伯一路高升同知知府时，这只猫一直都陪着他，所以就无所谓不祥的说法。注：『孝猫』这种说法很新鲜，纯白色，沿海一带的人

注

同知及知府，此猫俱在，无所谓不祥也。』汉按：孝猫二字甚新。纯白猫，瓯人呼为雪猫。

金丝褐色者尤嘉，故云：『金丝褐色最威豪。』《相猫经》

汉按：褐黄相兼之色，褐而带金丝者，名金丝褐，诚所罕见。

楚州射阳猫，有褐花色者。灵武猫，有红叱拨色，及青骢色者。《酉阳杂俎》

一种三色猫，盖兼黄白黑，又名玳瑁猫。《相猫经》

乌云盖雪，必身背黑，而肚腿蹄爪皆白者，方是。若仅止四蹄白者，名踏雪寻梅，其

叫它『雪猫』。

金丝褐猫尤其珍贵，所以说：『金丝褐色最威豪。』

注：褐、黄、黑三色相兼容，毛色偏褐且泛金，称为『金丝褐』，这种猫实在是罕见。

楚州射阳县有一种猫，毛色为花褐色；灵武有一种猫，有血红色及青白相间两种类型。

有一种三色猫，黄、白、黑三色兼容，又名『玳瑁猫』。

『乌云盖雪』，指的是它的身体和后背全黑，而肚子和四条腿、爪全部为白色。如果仅仅只有四爪为白，则叫『踏雪寻梅』，如果身体皆黄而四爪皆白，那么也叫『踏雪寻梅』。

通体雪白，只有尾巴为黑色的猫，名为『雪里拖枪』，养这样的猫十分吉利。所以有『黑尾之猫通身白，人家畜之产豪杰。』这种说法。

纯黄白爪者同。《相猫经》

纯白而尾独黑者，名雪里拖枪，最吉。故云：『黑尾之猫通身白，人家畜之产豪杰。』通身黑，而尾尖一点白者，名垂珠。《相猫经》

纯白而尾独纯黑，额上一团黑色，此名挂印拖枪，又名印星猫。人家得此主贵，故云：『白额遇腰通到尾，正中一点是圆星。』《相猫经》

钜鹿令黄公虎岩有印星猫一对，常令人喜悦，惟不善捕鼠。然有此猫，则署中鼠耗肃清，官事亦吉顺，是即贵之验。虎岩名炳，镇平人，道光间由副榜通籍。

陶文伯云：『余家畜一白猫，其尾独黑，背上有一团黑色。额上则无，

通身皆黑，只有尾巴尖有一点白毛的猫，名为『垂珠』。

浑身纯白而仅有尾巴是纯黑色，加上额头上挂有一团黑色毛的猫，名为『挂印拖枪』，又叫『印星猫』，养了这种猫会给家里带来富贵好运。所以有『白额过腰通到尾，正中一点是圆星』这种说法。

钜鹿县令黄公（虎岩）有一对『印星猫』，非常讨人喜欢，但唯独不擅长捕鼠。不过他有了这种猫，官署中的鼠患消除，官运亨通，也验证了古人所说的富贵之兆。黄虎岩名炳，镇平人，道光年间由副榜通籍。

陶文伯说：『我家里养过一只白猫，唯独尾巴是黑的，背上也有一团黑毛，但是额头上却没有，可以叫它『负印拖枪』。此猫身体肥大，有七八斤重，颇有灵性而

是可称负印拖枪也。肥大，重可七八斤，性灵而驯，每缚置案侧，偶肆叫跳，以竹梢鞭之，亟知趋避。或俛首贴服。其常时，虽以杖惧之，略无怯色。』

纯乌白尾者亦稀，名银枪拖铁瓶。

《相猫经》

黄香铁待诏云：『《清异录》载：唐琼花公主，自总角养二猫，雌雄各一，白者名衔花朵，而乌者惟白尾而已，公主呼为麝香騟妲己。』汉按：《表异录》亦载此，其一黑而白尾者，为银枪铁瓶，呼为昆仑妲己；其一白而嘴边有衔花纹，呼为衔蝉奴，与《清异录》所载稍异。

通身白而有黄点者，名绣虎；身黑而有白点者，名梅花豹，又名金钱

难以驯养，每次把它绑到桌旁，偶尔大叫乱跳，用竹梢去鞭打它，它都知道躲过去。或俯首示弱，但更多的时候，就算用手杖吓它，它也不怕。』

全身纯黑而尾巴全白的猫，叫作『银枪拖铁瓶』，但这种花色的猫极为少见。

黄注：『《清异录》记载，唐朝琼花公主尚未及笄时就养了一对猫，白色的叫作「衔花朵」，而另一只白尾黑身的取名为「麝香騟妲己」。』注：《表异录》上也有此记载，其中白尾黑身的猫就是『银枪插铁瓶』，又叫『昆仑妲己』，其中白色的嘴边有衔花纹的猫，叫作『衔蝉奴』，和《清异录》所记载的稍有区别。

全身白色而带有点状黄毛的，名叫『绣虎』；全身纯黑而带点状白毛的，叫作『梅

原 译 注

梅花；黄身白肚者，名金被银床；若通身白而尾独黄者，名金簪插银瓶。《相猫经》

诸缉山曰：『阳江县太平墟客寓，有一纯白猫，而尾独黄，俗呼金索挂银瓶。重十余斤，捕鼠甚良，谓得此猫，家业日盛。』

通身或黑或白，背上一点黄毛，名将军挂印。《相猫经》

身上有花，四足及尾上又俱花，谓之缠得过，亦佳。《致富奇书》

猫有拦截纹，主威猛。有寿纹，则如八字，或如八卦，或如重弓重山。无此纹，则懒阔无寿。《相畜余编》

汉按：拦截纹者，顶下横纹也，主猫有威，犹虎之有乙也。

花豹』，又名『金钱梅花』；黄色身子、白色肚皮的猫名叫『金被银床』；如果是通身白色唯独尾巴是黄色的猫，叫『金簪插银瓶』。

诸缉山说：『阳江县太平墟的客居里，有一只纯白色的猫，唯独尾巴是黄色，俗称「金索挂银瓶」，十余斤重，是个捕鼠能手，传言得到此猫，家业兴隆。』

通身全白或全黑的猫，背上有一点黄毛的名叫『将军挂印』。

身上满布花纹，且四足和尾巴上都有花纹的猫，叫作『缠得过』，这种猫也很不错。

猫的身上有着拦截纹，象征着威猛；猫身上还有一种寿纹，就像人的八字一样，这种寿纹有的像八卦，有的呈『弓』字形、『山』字形，没有这种纹路，那么猫就会

纯色猫带虎纹者，惟黄及狸，若紫色者绝少，紫色而带虎纹，更为贵品。《相畜余编》

吴云帆太守尝畜一猫，纯紫色，光彩夺目，长而肥大，重可十余斤，自是佳种。张冶园述。

猫有旋毛，主凶折。故云：『胸有旋毛，猫命不长。左旋犯狗，右旋水伤。通身有旋，凶折多殃。』《相猫经》

毛生屎窟，屙屎满屋，非佳猫也。《相猫经》

汉按：珞琭子云：『猫能掩屎，灵洁可喜。故好洁之猫无不灵也。』

凡花猫具花朝，主咬头牲。《崇正辟谬通书》

懒散羸弱，寿日无多。

注：拦截纹指的就是猫额头上的横纹，象征着猫的威仪，就像老虎头上的『王』字。

纯色种的猫有带虎纹的，只有黄色或棕色的猫才有。如果是纯紫色的猫，那就更是世所罕见了，紫色而带有虎纹，更是猫中精品。

听张冶园说吴云帆太守曾经养过一只纯紫色的猫，光彩夺目，这只猫身长且肥大，十来斤重，可称得上是猫中的珍品。

猫有旋毛，象征着凶祸。有谚语：『胸口有旋毛的猫，猫命不长，左胸口有旋毛会被狗咬死，右胸口有旋毛会被水淹死，浑身都有旋毛，那么这只猫命就不长了。』

毛上沾满了排泄物，且在家里到处拉屎的猫，不是好猫。

张孟仙曰：『猫之色杂者为雌，纯者为雄，所谓玳瑁斑者，杂而雌也。雪里拖枪、乌云盖雪虽有二色，皆算纯色而为雄也。』此说亦新。夫毛色有生辄定，未有一岁之间两变其色者。余友诸缉山谓：『阳江县深坭村孙姓盐丁有纯白猫，冬至后渐长黑毛，交夏至则纯黑矣。过冬至复又黑白相间，次年夏至仍为纯白，是年年换色者也，可称瑞物。』盖见造化赋物之奇，无乎不可。

寿州余蓝卿士英云：『余昔舟泊扬州，见一技者于通衢之市，周以布障，鸣锣伐鼓，

注：珞琭子说：『猫自己能找地方拉屎，且处理好排泄物，这样的猫聪慧干净讨人喜欢。所以讲卫生的猫都是好猫。』

凡是花猫都有一种特性，喜欢咬鸡。

张孟仙说：『杂色的猫多为母猫，纯色的猫多为公猫，所谓「玳瑁斑」这种驳杂花色的猫，指的就是母猫。「雪里拖枪」「乌云盖雪」这些品种，虽然都有两种颜色，不过也可以算作纯色，所以大多都是公猫。』这些说法很新奇。毛色这种东西生下来就大致成型了，没有一年之间两次变色的。我朋友阳江县深坭村诸缉山说：有个姓孙的盐丁，家里有只纯白猫，冬至以后就渐渐长出黑毛，夏至以后全身就纯黑了，过了冬至又成了黑白相间的样子，第二年夏至就变成了纯白色，就这样年年换色，可称得上是祥瑞之物了，可见造物主是多么神奇啊，无

招致观者。场东有猴驱狗为马，演诸杂剧；场西有猫高坐，端拱受群鼠朝拜，奔走趋跄，悉皆中节。猫则五色俱备，青、赤、白、黑、黄交错成纹，望之灿若云锦。问所由来，云自安南，匪特罕见，实亦罕闻。或曰此赝鼎也，殆亦临安孙三染马缨之故智欤？』汉按：毛色可伪至此，亦神乎其技矣？

所不能。

寿州余蓝卿（士英）说：『我以前坐船停靠扬州，看见一位在闹市上玩杂技的人，在周围布好场地，然后敲锣打鼓，引人来看。场子的东边有猴子驱赶狗子当马的，演一些杂剧；场子西边有只猫在高处端正坐好接受一群老鼠的朝拜，老鼠们行走跪拜的礼节都和中原的一模一样。那只猫则有五种毛色，青、赤、白、黑、黄色交错成纹，看过去就像一簇闪光的云锦一样。问这只猫的由来，说来自安南，确实是生平少见、少闻之物。也有人说这是个假东西，就像当初临安的孙三用染马缨的方法染出来的一只普通猫罢了。』注：如果毛色可以造假到这种地步的话，那也是一门神技了。

灵异

原　译　注

物之灵蠢不一，灵者异而蠢者庸，于此可以见天禀也。若猫于群兽，其灵诚有独异，盖虽鲜乾坤全德之美，亦具阴阳偏胜之气，是故为国祀所不废，而于世用有攸裨也。辑灵异。

腊日迎猫以食田鼠，谓迎猫之神而祭之。《礼记》

唐祀典有祭五方之鳞羽蠃毛介、五方之猫、于菟及龙麟、朱鸟、白虎、玄武，方别各用少牢一。《旧唐书》

汉按：礼八腊有猫虎、昆虫。后王肃分猫、虎为二，无昆虫。张横渠以为然，见经疏。

仁和陈笙陔振镛曰：杭人祀猫儿神，称为隆鼠将军，每岁终，祭群神必皆列此。

动物的智商各有千秋，聪明的显得特别，而愚蠢的则显得平庸无奇，由此能够看到天赋。比如猫和其他动物相比，其聪明的确有独到之处。因为即使世上很少存在完美的事物，也有阴阳之气的不平衡，所以养猫不被忌讳，而且对人有实际的增助作用。本章辑灵异故事。

腊日招引猫去吃田鼠，意味着迎接和祭祀猫神。

唐朝祭祀典礼要求祭拜五个方位上的鳞虫、羽虫、蠃虫、毛虫、甲虫，五个方位的猫、虎以及龙、麒麟、朱雀、白虎、玄武，分别以一头牛、猪祭祀。

注：八腊祭祀的有猫虎和昆虫，后来王肃将猫虎分开祭祀，除去昆虫，张横渠在经论注释书上表示赞同。

仁和的陈笙陔（振镛）说：『杭州人祭祀猫神称为「隆鼠将军」，每年年尾祭祀众神，猫神一定位列其中。』

原 译 注

张衡斋振钧云：金华府城大街有差猫亭，本先朝军装局，相传有鼠患甚暴。朝廷差赐一猫，而鼠暴顿除。后立庙其地，称灵应侯至今，里人奉为社神，呼为差猫亭云。

猫眼定时甚验，盖云：『子午卯酉一条线，寅申己亥枣核形，辰戌丑未圆如镜。』一作『寅申己亥圆如镜，辰戌丑未如枣核』，余同。皆见通书、选择书。

汉按：《酉阳杂俎》仅云：『猫眼旦暮圆，至午竖成一线。』又按：初生猫，血气未足，瞬息无常，以之定时，仍属无验。

张衡斋（振钧）说：『金华城大街上有一座差猫亭，原来前朝军装局传闻暴发严重鼠患，朝廷派遣赏赐了一只猫，鼠患很快就消除了，然后在当地为其立庙，尊称为「灵应侯」，至今当地的人还尊奉它为土地神，称它的庙宇为差猫亭。』

用猫眼核定时间，十分灵验。有这样的说法：『子午卯酉一条线，寅申己亥枣核形，辰戌丑未圆如镜。』另外一种说法是：『寅申己亥圆如镜，辰戌丑未如枣核』，其余的一样。都在《通书》《选择书》中可见。

注：《酉阳杂俎》中仅说『猫眼旦暮圆，至午竖成一线。』又注：刚刚出生的猫，气血不足，变化无常，用它核定时间，还是不能应验。

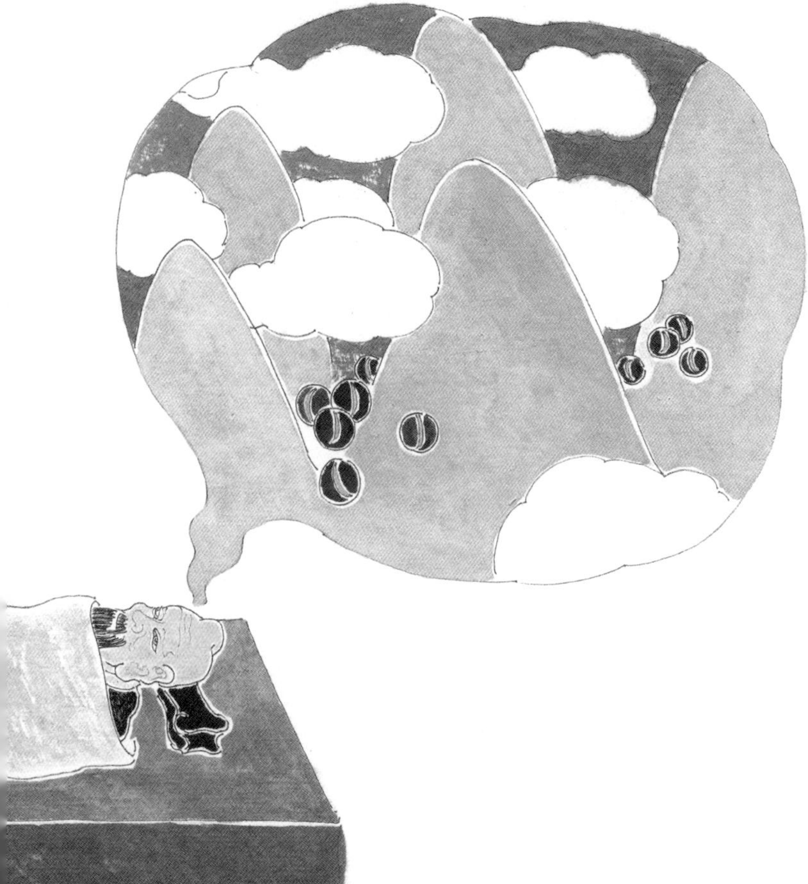

原 译 注

刻木为猫，用黄鼠狼尿，调五色画之，鼠见则避。《夷门广牍》

椿树叶、冬青叶、丝瓜叶曝干，每四季，焚于堂中，鼠自避去。此名金猫辟鼠法。《寿世保元》

汉按：瓯俗，每岁立春之时，燃樟叶爆竹于门堂奥室诸处，名为燂春。口号云：『燂春燂燂，猫儿眼光，燂燂老鼠眼膜瞜。』盖咒鼠目之瞎也。有应者，终年鼠患为稀。

汉按：吴小亭家，藏王忘庵所画《乌猫图》，自题十六字云：『日危宿危，炽尔杀机。乌圆炯炯，鼠辈何知。』其首句，咸不解所谓。余按家藏香铁待诏《重午画钟馗诗》云：『画猫日主金危危。』则知危日值危宿，画猫有灵。必兼金日者，金

把木头刻成猫的外形，用黄鼠狼的尿液调成五种颜色填色，老鼠见了就会避开。

椿树、冬青、丝瓜的叶子晒干后，每年四季在堂中焚烧，老鼠自然会避开，这叫作『金猫辟鼠法』。

注：瓯地民俗每年立春的时候，在门口室内房间各处点燃樟树叶做的爆竹，称为『燂春』。有俗谚说：『燂春燂燂，猫儿眼光，燂燂老鼠眼膜瞜。』大概是诅咒老鼠眼睛瞎的意思。效应灵验的地方，一整年都很少遭受鼠患。

注：吴小亭家收藏着王忘庵画的《乌猫图》，自己题了十六个字：『日危宿危，炽尔杀机。乌圆炯炯，鼠辈何知。』其中第一句，不理解为何意思。我按照收藏的黄香铁的《重午后画钟馗诗》中所说，『画

为白虎之神。忘庵句盖本乎此。然则假猫之灵以辟鼠，其术亦多矣哉。

牝猫无牡交，但以竹帚扫背数次则孕。又一法，用木斗覆猫于灶前，以帚击斗，祝灶神而求之，亦有胎。《本草纲目》

黄香铁待诏云：『山东河北人谓牝猫为女猫。《隋书·独孤陀传》：『猫女向来无住宫中。』是隋时已有此语。见顾亭林《日知录》。』

猫日主金危危』可知画猫的时候正是危日危宿，画上的猫有灵气。一定也是金日，金日代表白虎之神，王忘庵的句子大概是这个意思。但是用假猫的灵气避鼠，则有很多种方法。

雌猫没有和雄猫交配，但是多次用扫帚扫它的背部便会受孕。还有一个方法，用木斗把猫盖在灶前，用扫帚击斗，向灶神祷告求拜，也会有胎孕。

黄香铁待诏说：『山东河北那边的人把雌猫叫作女猫。《隋书·独孤陀传》记载：「女猫一向没有住在宫廷里的。」可见隋朝时候已经有「女猫」这样的说法，顾亭林的《日知录》也有记载。』

原 译 注

猫孕两月而生。《本草纲目》

汉按：猫成胎有三月而产，名奇窝；四月而产，名偶窝。养至一纪为上寿，八年为中寿，四年为下寿，一二年者为夭。浙中以单胎者为贵，双胎者贱，一胎四子名抬轿猫，贱而无用；若四子毙其一二，则所存者亦佳，名为返贵。见王朝清《雨窗杂录》。

华润庭云：『猫胎以少为贵，故有一龙二虎之说。』又云：『猫以腊产为佳，初夏者名早蚕猫，亦善。秋季次之。夏为劣，以其不耐寒，冬必向火，名煨灶猫。』汉按：猫煨火皮瘁，硫黄纳猪肠中，煮熟喂之，愈，见《致富奇书》。

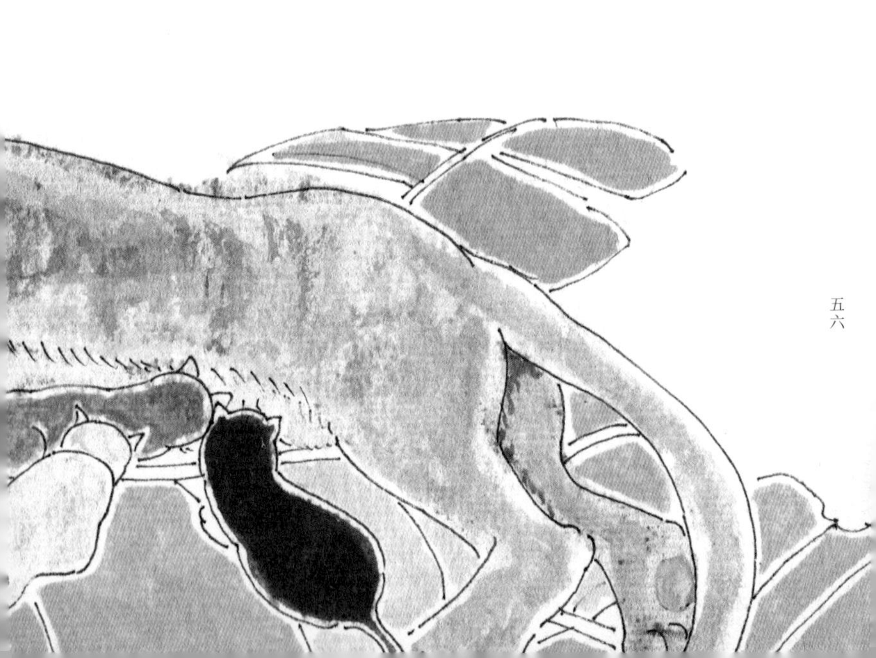

猫怀孕两个月就生育。

注：猫有胎孕三个月生产，叫作奇窝；四个月生产，叫作偶窝。养到十二年是上寿，八年为中寿，四年为下寿，一两年的为夭折。浙江一带认为单胎的很名贵，双胎的不值钱，一胎四只猫的叫作『抬轿猫』，低贱而且没有用处；如果四只猫里死了一两只，那么存活下来的也是佳品，叫作『返贵』。王朝清《雨窗杂录》有记载。

华润庭说：『猫胎以少为贵，所以有生一个是龙，两个是虎的说法。』他又说：『猫以腊月生的为佳品，初夏生的叫作蚕猫，也是好的，秋季出生的差一些，夏天出生的最差。因为它不耐寒，冬天喜欢在火边，叫作「煨灶猫」。』

注：据《致富奇书》记载，猫依偎着火毛皮发痒，把硫黄放在猪肠中，煮熟了喂给它吃，就会痊愈。

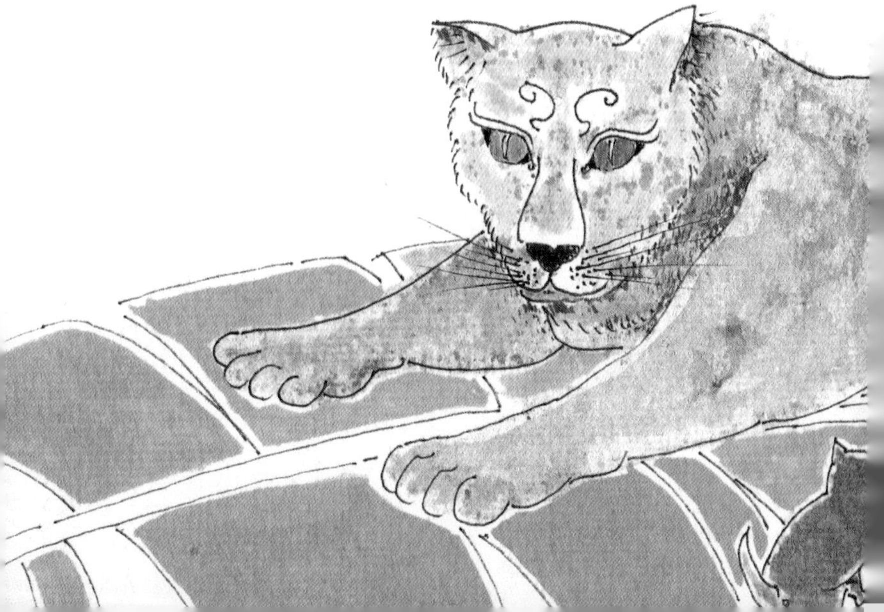

陶文伯云：『猫怀胎，血气不足者，往往亦成小产，是人兽有同然者。』

钮华庭少尹光存云：『虎一生不再交，以虎阳有逆刺也，其痛楚在初。猫一岁仅再交，以猫阳有顺刺也，其痛楚在终。余畜之阳无刺，无所痛楚，故其交无度。』汉按：此说故老相传，甚近理，足为格致之助。大抵猫之交，常于春秋二季，其头交时，则牝牡相呼，虽远必寻声而至，俗谓之叫春。

陶文伯说：『猫怀孕的时候，如果气血不足，很容易流产，是因为人和兽都一样。』

钮华亭（光存）说：『虎一生不交配第二次，因为虎阳有倒刺，它在最初的时候会产生痛楚；猫在一岁就多次交配，因为猫是顺刺，它在最后的时候才会感到痛楚。其他牲畜的没有刺，没有痛楚，所以它们没有限制地交配。』注：这种说法从古流传，近乎真理，可以当作格言定理来用。大多数猫在春秋交配，他们首次交配时，雄雌互相呼应，哪怕相隔很远也可以循声找到对方，民间把这叫作『叫春』。

张衡斋说：『凡是猫的交配，一定是春猫遇到春猫，冬猫遇到冬猫，张衡斋云：『凡猫交，必春猫遇春猫，冬猫遇冬猫始交。夏秋之猫亦然。否则，虽强之不合也。』此说未经人道，想亦气类相求故耳。

猫初生，见寅肖人，而自食其子。《黄氏日抄》

汉按：猫产子，目未瞬者，子肖人见之，则食子。或曰，生于子日，见子肖人，则食子，与黄氏之说异。

才开始交配；夏猫秋猫也是这样。否则，即使强迫他们也不能相交合。』这种说法没有听人说过，想必也是同类相求的缘故吧。

猫刚生育，见到属虎的人，就会自己吃掉小猫。

注：猫生产完，小猫还没有眨眼，如果被属鼠的人看见，就会自己吃掉小猫。也有人说，在子时生产，见到属鼠的人就会吃掉小猫，这和黄氏的说法不同。

原 译 注

猫食鼠，上旬食头，中旬食腹，下旬食足，与虎同。阴类之相符如此。

李元《蠕范》

汉按：一说食旬，各有所先，月初先头，月中先腹，月尾先腿脚，食有余者，小尽月也。

华润庭曰：『猫食鼠，分三旬，亦有捕鼠无算，绝不一食者，其种之最良欤？』

又曰：『猫食鼠，或于衣物茵席之上，勿惊驱之，听其食毕，自无痕跡。若逼视之，则血污狼藉矣。或谓当食时视之，则齿软，以后不复能啮鼠。』

常州张槐亭集云：『猫一名家虎，鼠一名家鹿，猫之食鼠尚矣，惟是豺祭兽时，不知鹿在其中否也。』

猫吃老鼠的时候，上旬吃头，中旬吃腹部，下旬吃足部，和老虎一样。属于阴性的物类都是如此。

注：食旬这种说法，先后有所不同，有的是月初从头开始吃，月中从肚子开始吃，到了月尾就先吃腿脚，大概小半个月，吃了还有富余。

华润庭说：『猫吃老鼠，分三个十天，再有捉到的老鼠不算在内。绝对不一次吃完的猫，它的品种最优良吗？』

他还说：『猫吃鼠的时候，如果在衣服和草席上，不要惊动驱赶它，等它吃完了，自然就不会有痕迹；如果靠近去观察它，就会留下血污，狼藉一片。有人说当猫吃老鼠的时候看着它，它的牙齿就会变软，从此以后再也不能啃食老鼠。』

常州的张槐亭（集云）说：『猫也被叫作家虎，鼠也被叫作家鹿，猫吃老鼠都这样，不知道豺祭时，（豺在深秋时杀兽以备冬粮，陈于四周，有似人之陈物而祭，故称豺祭）鹿是否在里面呢？』

原 译 注

北人谓猫过扬子江金山，则不捕鼠。厌者剪纸猫投水中，则不忌。《酉阳杂俎》

汉按：《渊鉴类涵》云：『昔韩克赞尝于汝宁带回一猫，过江果不捕鼠。』

丰顺丁雨生茂才日昌云：『物各有所喜，如《诗传》马喜风、犬喜雪、豕喜雨，而猫独喜月，故月夜常登屋背，盖与狐狸同性也。』

北方人说猫过了扬子江金山，就不会捕鼠。迷信的人，剪纸猫扔到河水里后就不忌这些。

注：《渊鉴类涵》中说：『先前韩克赞从汝宁带回来一只猫，过了扬子江，果然不捕鼠了。』

丰顺的丁雨生（日昌）说：『动物各有其习性，就像诗里流传的那样，比如马喜欢风，狗喜欢雪天，猪喜欢雨天，但是猫只喜欢月亮，因此经常在有月亮的夜晚爬到屋脊上，大概是和狐狸习性相同吧。』

原 译 注

猫喜与蛇戏，或谓此水火相因之义。以猫属阴火，而螣蛇水畜而火属也。王朝清《雨窗杂录》

汉按：猫并喜自戏其尾，故北人有『猫儿戏尾巴』之谚。

山阴张治园锜曰：『猫与蛇斗，俗称龙虎斗。尝见猫蛇斗于屋背，蛇败，穿瓦罅下遁，适屋下人遇之，以锄挥为两端，上段飞去，已而结成翻唇肉疤，大如碟。一日，断蛇者昼卧于床，蛇穿其帐顶，欲下啮之。因肉疤格拦，猫适见之，登床猛喊。其人惊醒，见蛇，惧而避之，幸未遭噬。人谓「蛇知报冤，猫知卫主」。』

猫喜欢和蛇嬉戏，有人说这是它们水火属性相当的缘故，因为猫属于阴火，螣蛇是水畜属火。

注：猫喜欢自己和自己的尾巴游戏，所以北方人有『猫儿戏尾巴』的民谚。

山阴张治园（锜）说：『猫和蛇相争斗，俗称「龙虎斗」。曾经见过猫和蛇在屋脊上打斗，蛇被打败，从瓦缝向下逃走，正好被屋檐下的人遇到，被人用锄头砍成两段，上半段飞走，不久就结成外翻的肉疤，和碗碟一样大。一天，砍蛇的人白天躺在床上，蛇从蚊帐顶穿过，想向下咬人。因为肉疤被拦阻，猫正好看见，跳上床大叫。人惊醒后看到蛇，害怕地连忙躲避，幸好没有被咬。人们说「蛇知报仇，猫知护主」。』

猫解媚人，故好之者多，猫故狐类也。彭左海《燃青阁小简》

汉按：越俗谓猫为妓女所变，故善媚，其说未免附会。

鼠啮猫，占主臣害君。《管窥辑要》

汉按：唐宏道初，梁州仓有大鼠，长二尺余，为猫所捕得，鼠反啮之，见《五行志》。考《开元占经》，京房曰：『众鼠逐狸，兹为有伤。臣代其王，忠为乱，天辟亡。』又曰：『臣弑其君，大臣亡。』又曰：『鼠无故逐狸狗，是谓反常，臣杀其君。』

猫懂得迷惑讨好人，所以喜欢它的人多，猫本来也属于狐狸一类。

注：越地民间认为猫是妓女变成的，所以善于媚惑，这种说法未免有些穿凿附会。

老鼠咬猫，据此推测大臣要谋害主君。

注：唐朝宏道初年，梁州粮仓有大老鼠，长两尺多，被猫捕获，老鼠反而咬猫，《五行志》有记载。考据《开元占经》，京房说：『群鼠追赶猫，则使猫受伤。臣下替代君主，忠良之臣被混淆，天子会流亡。』又说：『臣子吞噬君主，忠良的大臣会被杀。』又说：『鼠没有原因地追逐猫狗，是反常的事，臣子可能会杀害君主。』

原 译 注

凡梦虎斑猫，为阳袭阴之象，入室者吉，自内外窜不祥。去而复来者，得人心。《梦林元解》

凡梦狮猫，为丰亨久安之象，主门下人有勇而好义者，或果得佳猫以应。仝上

凡梦猫鼠同眠，下必有犯上者。若当此时生小猫则为劣物。仝上

凡梦群猫相斗，主暮夜有戎之兆，于己无患。若梦家猫被他家猫咬伤，下人有灾。仝上

凡梦猫捕鼠，主得财。须防子媳灾，姓褚者最忌。主有事南蛮，不返之兆。仝上

只要是梦到虎斑猫，就是阳气侵袭阴气的预示，进入房间的是吉利的象征；从室内向外逃窜的则不吉利；离开又返回的能得人心。

凡是梦到狮猫，是丰收平安的吉相，主人家的下人会有勇敢且仗义的人，有的也会得到品种优良的好猫以应兆。

如果梦到猫和老鼠睡在一起，一定会有地位低微的人冒犯地位高的人。如果此时有小猫出生那就是品种低劣的。

如果梦到一群猫互相打斗，就是夜里有争斗的预兆，对自己没有伤害。但如果梦中家猫被别人家的猫咬伤，则家里的下人会有灾祸。

只要是梦到猫捕捉老鼠，主人将得到钱财。需要防范儿子媳妇的灾祸，姓褚的人应该最为忌讳；也是为南方少数民族做事的人不能回来的征兆。

原 译 注

凡梦猫吞蝴蝶，恐有阴私鬼害正人。【仝上】

凡梦猫吞活鱼，主成家立业，手下得人；若至山东，更主获利。【仝上】

汉按：《梦林元解》一书，为葛稚川原本，劭康节续辑，至明陈士元增补成书，至数十卷之多。刻于明季，而国朝《四库全书》未曾收入。起自周官，宗夫长柳，引经证史，触类旁通，系解灵警，发人深省，洵有裨于世教书也。汉得此书，每以占梦，悉有应验。

如果梦到猫吞食蝴蝶，就恐怕会有阴私鬼谋害正直的人。

如果梦到猫吞食活鱼，就会建立基业，获得得力手下。如果到了山东，则获得利益。

注：《梦林元解》这本书，是以葛稚川为原本，由劭康节继续编辑，到了明朝陈士元这里才增添补充成书。全书有十多卷，在明朝末年被刻录，但是《四库全书》并没有收录进去。从《尚书·周官》篇目开始，以长柳占卜为源头，引用经书以史为证，触类旁通，这本书是教人灵活机警，启发人深入思考，实在是一本对当世的正统思想大有裨益的好书。我得到了此书，每次用以占卜梦境，都灵验了。

原

妖魅猫鬼为祟，病人不肯言，以鹿角屑捣末，水服方寸匕，即言实也。《本草纲目》

《华佗治尸注》有猫骨散。又猫肝治疟，及劳瘵杀虫。仝上

人病歌哭不自由，腊月死猫头烧灰，水服自愈。《千金方》

人被鼠咬伤，猫毛烧存性，入麝香少许，香油调敷。《景岳全书》

汉按：此方赵氏系用猫头骨煅灰。又云：『猫毛烧灰膏和，治鬼舐头疮。』

蜒蚰入耳，猫尿滴治之，以姜蒜擦猫牙鼻，则尿自出。又猫屎治蝎螫。又和桃仁，治小儿疟疾。《本草纲目》

译

有猫化成的妖怪鬼魅作祟，病人不肯说话，用鹿角屑捣碎成粉末，用水吞服一小调羹，就能说话了。

《华佗治尸注》里有猫骨散，加上猫肝能治疟疾，以及杀死导致劳瘵之症的病虫。

人得病不由自主地唱歌流泪，腊月把死猫头烧成灰用水吞服，自然能痊愈。

人被老鼠咬伤，把猫毛烧到存有药性的状态，添加少许麝香，用香油调匀敷在伤口。

注：同样是这种方法，赵氏是用猫头骨烧成灰。也有的说：『猫毛烧成灰，和在膏药里能治疗鬼舐头疮。』

蜒蚰进了耳朵，用猫尿滴在里面可以治疗，用姜蒜擦拭猫牙和鼻子，尿自然就会流出来。也有的说猫尿能治蝎子蜇的伤口。猫尿和桃仁混在一起，能治疗小孩的疟疾。

注

猫照镜，慧者能认形发声，劣猫则否。《丁兰石尺牍》

久晴，猫忽非时饮水，主天将雨。《瓯谚》

猫能饮酒，故李纯甫有《猫饮酒》诗。《古今诗话》

汉按：猫饮酒，余尝试之，果尔。但不可骤饮以杯，须蘸抹其嘴，猫舔有滋味，则不惊逸。然十余巡后，辄觉醺醺如也。今之猫又能食烟。陈寅东巡尹曰：『有张小涓者，为浙中县尉。尝侨寓温州，有猫数头，惯登烟榻。小涓常含烟喷之，猫皆能以鼻迎嗅。久之，形状如醉。每见开灯辄来，敛具则去。于是人皆谓张小涓猫亦有烟癖，闻者莫不粲然。』然则猫于烟酒乃兼有嗜焉，亦可笑也。

马鞭坚韧，以击猫，则随手折裂。《范蜀公记事》

猫照镜子时，聪明的猫能认出它自己的形状并且会发出声音，劣品的猫就不能。

晴天太久，如果猫忽然在平时不喝水的时候饮水，老天爷将要下雨。

猫能喝酒，所以李纯甫有作《猫饮酒》的诗。

注：猫能饮酒，我曾经尝试过，的确如此。但是不能一开始就用杯子喝，应该蘸着酒抹在猫的嘴巴上，猫舔舐到滋味后，才不会害怕。这样十几次后，才觉得有些醉醺醺的样子。现在的猫，也能吸烟。陈寅东巡尹说：『有个叫张小涓的人，是浙中的一个县尉。他侨居在

温州，养了几只猫，习惯爬上他吸烟的卧榻。张小涓经常含着烟朝它们喷气，猫都能用鼻子迎合着去闻嗅。久而久之，猫就一副陶醉的样子。每次一看到点灯就来，收起烟具就离去。于是人们都说张小涓的猫也有烟瘾，听说的人没有不大笑的。』那么猫对于烟酒也都有偏好，也是可笑。

马鞭很有韧性，用来击打猫，那么很容易就会折断裂开。

原 译 注

猫死，不埋于土，悬于树上。《埤雅》

猫死，瘗于园，可以引竹。李元《蠕范》

独孤陀外祖母高氏，事猫鬼，以子日之夜祭之。子，鼠也，猫鬼每杀人取财物，潜归祀者家。鬼将降，其人则面正青，若被牵拽然。陀后败，免死。《北史》

隋大业之季，猫鬼事起，家养老猫为厌魅，颇有神灵。递相诬告，郡邑被诛者数千余家，蜀王秀皆坐之。《朝野佥载》

猫死了，不能埋在土里，应该悬挂在树上。

猫死了，埋在花园里，能把竹子引过来生长。

独孤陀的外祖母高氏，供奉猫鬼，在子日的夜里祭拜。子，就是鼠。猫鬼每次在这个时候杀人取得财物，它悄悄回到祭祀它的家里面。猫鬼现身时，那家里的人就脸色发青，像是被牵引拉扯的样子，独孤陀后来败落免于死亡。

隋朝末期，侍奉猫鬼的风气兴起。家里养老猫用来祈祷，非常灵验神奇。有的相互诬赖举报，郡邑间被杀头的有几千家，蜀王杨秀也受到牵连获罪。

灵异

原 译 注

燕真人丹成，鸡犬俱升仙，独猫不去。人尝见之，就洞呼仙哥，则闻有应者。《山川记异》

嘉兴蒋稻香先生田有黄蜡石，酷肖猫形。家香铁待诏题之为洞仙哥，洵属雅切。

司徒冯燧家猫生子同日，其一母死，有二子，其一母走而若救，为衔置其栖，并乳之。韩昌黎《猫相乳说》

左军使严遵美，阉宦中仁人也。尝一日发狂，手足舞蹈。旁有一猫一犬，猫忽谓犬曰：『军容改常矣，癫发也。』犬曰：『莫管他。』俄而舞定，自惊自笑，且异猫犬之言。遇昭宗播迁，乃求致仕。《北梦琐言》

有个燕真人炼出仙丹，鸡犬都升上天去，只有猫不去，人们曾经见到就称呼它为仙哥，有听到回应的人。

嘉兴的蒋稻香先生（田）有一块酷似猫形状的黄蜡石，家里有黄香铁待诏题的『洞仙哥』，实在是雅致贴切。

司徒冯燧家里的猫同一天产子，其中一只母猫死去，生下了两只小猫，另一只母猫奔走抢救，为小猫布置建造巢穴，并且喂养它们。

左军使严遵美，是宦官中仁爱的人，曾经有一天发狂，手舞足蹈，旁边有猫狗各一只。猫忽然对狗说：『他的样子和平时不一样，是犯了癫狂。』狗说：『不用管他。』不久他停止舞动，自己又害怕惊讶又好笑，就像猫狗说的一样。恰逢唐昭宗路过，便祈求官职。

洞仙

原 译 注

蜀王嬖臣唐道袭家所畜猫，会大雨，戏水檐下，稍稍而长，俄而前足及檐，忽雷电大至，化为龙而去。《稽神录》

成自虚，雪夜于东阳驿寺遇苗介立，吟诗曰：『为惭食肉主恩深，日晏蟠蜿卧锦衾。且学智人知白黑，那将好爵动吾心。』次日视之，乃一大驳猫也。《渊鉴类函》

汉按：唐进士王洙《东阳夜怪录》云：『彭城秀才成自虚，字致本，元和九年十一月九日到渭阳县。是夜风雪，投宿僧寺，与僧及数人因雪谈诗。病僧智高，为病橐驼也；前河阴转运巡官左骁卫胄曹长，名庐倚马者，为驴也。又有敬去文者，为狗也；有名锐金姓奚者，为鸡也；有桃林客，轻车将军朱中正者，为牛也；胃藏瓠，即刺猬也。又议苗介立云：『蠢兹为人，甚有爪距。颇闻洁廉，善主仓库。惟其蜡姑之丑，难以掩于物论。』苗介立曰：『予斗伯比之胄下，得姓于楚，自皇茹分族，则祀典配享，著于《礼经》者也。』

蜀王宠臣唐道袭家养的猫，遇到大雨，在屋檐下嬉戏，前脚碰到屋檐边，忽然雷电大作，化成龙飞走了。

一个下雪的夜晚，成自虚在东阳驿寺遇到苗介立，吟诗道：『为惭食肉主恩深，日晏蟠蜿卧锦衾。且学智人知白黑，那将好爵动吾心。』第二天一看，是一只大驳猫。

注：唐朝进士王洙在《东阳夜怪录》中记载：『彭城秀才成自虚，字致本，元和九年十一月九日，到了渭阳县。当夜有风雪，投宿在寺庙，同僧人和其他数人趁雪谈诗。生病的僧人智高，因

生病导致驼背；曾经担任河阴转运巡官的左骁卫胄曹长，叫作庐倚马的人，是驴；又有一个叫敬去文的人，是狗；有个叫奚锐金的人，是鸡。有个桃林客，是轻车将军朱中正，是牛；有个胃藏瓠，是刺猬。』众人又非议苗介立说：『这家伙为人愚蠢，没有什么本事，但听说很廉洁，善于主管仓库。只是他那蜡姑的丑相，能避免大家的议论吗？』介立说：『我苗介立，是楚大夫斗伯比的直系子孙。我家的姓氏始于楚君的远祖棼皇茹，后来分成二十族，同在祀礼上享受祭祀，以至于《礼记》上也有记载。』

原 译 注

苏子由曾试黄白之法，既举火，见一大猫据炉而溺，叱之不见，丹终不成。《说铃》

汉按：许遨有幻术，为人烧丹，每至四十九日将成，必有犬逐猫，触其炉破。见宋张君房《乘异记》。余谓两丹之坏，各有所由，惟同出于猫，亦异矣。

杭州城东真如寺，弘治间有僧曰景福，畜一猫，日久驯熟。每出诵经，则以锁匙付之于猫。回时，击门呼其猫，猫辄舍匙出洞；若他人击门无声；或声非其僧，猫终不应之。此亦足异也。《七修类稿》

苏辙曾经试过炼丹术，已经点了火，碰到一只大猫在丹炉旁边撒尿，呵斥之后猫就不见了，炼丹也没有成功。

注：许遨会幻术，替别人炼丹，每次到四十九日将要炼成的时候，一定会有狗追逐猫，并碰破丹炉。记载于宋人张君房的《乘异记》。我觉得这两次炼丹的失败各自有原因，只是同时有猫出现，也的确很奇怪。

杭州城东有个真如寺，弘治年间，有个叫景福的僧人养了一只猫，时间一长驯养淳熟。每天僧人诵经，就把钥匙交给猫，回来的时候，敲门叫猫，猫立刻就会把钥匙从洞里扔出来。如果是别人敲门，猫就没有声音；或者声音不是景福，猫最终也不会回应。这件事也足够奇怪。

注 译 原

金华猫，畜之三年后，每于中宵蹲踞屋上，伸口对月，吸其精华，久而成怪。每出魅人，逢妇则变美男，逢男则变美女。每至人家，先溺于水中，人饮之，则莫见其形。凡遇怪来宿夜，以青衣覆被上，透明视之，若有毛，则潜约猎徒，牵数犬至家捕猫，炙其肉以食病者，自愈。若男病而获雄，女病而获雌，则不治矣。府庠张广文有女，年十八，为怪所侵，发尽落，后捕雄猫治之，疾始瘳。《坚瓠集》

金华猫，养了三年后，每次半夜就蹲在房子上，张口对着月亮吸收它的精华，久而久之就成了精怪。每次出去迷惑别人，遇到妇女就变成美男子，遇到男人就变成美女。每至一户人家，便先泡在水里，人喝了就不会见到它的原形。凡是遇到精怪前来夜宿，晚上用青衣盖在被子上，便可透视。如果有毛，就悄悄叫上猎人牵几条狗，到家里捕猫，烧它的肉给生病的人吃掉，自己就会痊愈；如果是男子得病捕到雄猫，女子生病捕到雌猫，那就治不了了。府庠张广文有个女儿，年方十八，被精怪所侵害，头发都落光了，后来捕到雄猫为她治疗，她的病才开始康复。

原　译　注

靖江张氏泥沟中，时有黑气如蛇上冲，天地晦冥，有绿眼人乘黑淫其婢，因广访符术道士治之，不验。乃走求张天师，旋见黑云四起，道士喜曰：『此妖已为雷诛矣！』张归家视之，屋角震死一猫，大如驴。《子不语》

郭太安人家畜一猫，甚灵，婢见必挞之，猫畏婢殆甚。一日有馈梨，属婢收藏，既而数之，少六枚，主人疑婢偷食，鞭笞之。俄从灶下灰仓中觅得，各有猫爪痕，知为猫所偷，报婢之怨。婢忿欲置猫死地，郭太安人曰：『猫既晓报怨，自有灵异。苟置之死，冤必增剧，恐复为祟。』婢乃恍然，自是辄不再挞猫，而猫亦不复畏婢矣。《阅微草堂笔记》

靖江张家的泥沟里面，时不时有像蛇一样的黑气向上冲，天地都显得晦暗不明，有个绿眼睛的人趁着天黑奸淫了他家的奴婢，因此就到处寻访会画符的道士惩罚这个绿眼睛的家伙，但并无效果。道士为其奔走祈求张天师，很快看到黑云涌起。道士高兴地说：『妖怪已被雷劈死了！』张家人回家一看，屋角震死了一只像驴一样大的猫。

郭太安人家里养了一只猫，十分有灵性，奴婢见了经常鞭打它，猫非常害怕这个奴婢。有一天有别人送来梨子，让奴婢收起来放好。后来一数发现少了六个。主人怀疑奴婢偷偷吃了，用鞭子鞭打她。而后又从灶下的灰仓里找到了，都有猫爪的痕迹，知道是被猫偷

走，为了报复对奴婢的怨气。奴婢很气愤不平，欲置猫于死地。郭太安人说：『猫既然知道报仇，自然是有灵性的异物，你杀死它，它的怨气会加剧，恐怕以后还会作怪。』奴婢恍然大悟，于是不再打猫，猫也不再害怕奴婢了。

原　译　注

某公子为笔帖式，爱猫，常畜十余只。一日，夫人呼婢不应，忽窗外有代唤者，声甚异。公子出视，寂无人，惟一狸奴踞窗上，回视公子，有笑容。骇告众人同视，戏问：『适间唤人者其汝耶？』猫曰：『然。』众乃大哗，以为不祥，谋弃之。《夜谭随录》

永野亭黄门，言一亲戚家，猫忽有作人言者，大骇，缚而挞之，求其故，猫曰：『无有不能言者，但犯忌，故不敢耳。若牝猫，则未有能言者。』因再缚牡猫，挞之，果亦作人言求免，其家始信而纵之。仝上

某公子的官职是笔帖式，很爱猫，经常养着的有十多只。有一天，夫人叫奴婢没有回应，忽然听到窗外有人代替她回答，声音很奇怪。公子出去一看，空无一人，只有一只猫蹲坐在窗上，回头看着公子，脸上有笑容。他害怕地告诉大家一起去看，他开玩笑地问：『刚刚叫人的是你吗？』猫回答：『对。』众人一片哗然，觉得不吉利，就密谋把猫抛弃了。

永野亭黄门说他一个亲戚家的猫忽然有只会说人话，非常害怕，就把它绑起来打，并追问原因，猫说：『没有不能说话的猫，只是说了就犯忌了，所以不敢说。但是雌猫没有会说话的。』于是再绑了一只雄猫打，果然又说人话求饶，这家人才开始信了，并且放了这两只猫。

莫如此！

原 译 注

护军参领舒某，善讴歌。一日，户外忽有赓歌，清妙合拍。潜出窥伺，则猫也。舒惊呼其友同观，并投以石，其猫一跃而逝。仝上

汉按：猫作人言，初见于严遵美一节，笔贴式猫代为唤人，无甚不祥。若永黄门所述，牡猫皆能言，牝猫则否，此则为异耳。然不当言者而为言，则其被挞被弃也亦宜。此与《太平广记》所载猫言『莫如此，莫如此』，大抵皆寓言尔。至于猫学讴歌，则不啻虫知读赋，诚为别开生面。

做护军参领的舒某，擅长唱歌。有一天，门外忽然有酬唱和歌的，声音清澈美妙合乎节奏，他偷偷出去窥探，是一只猫。舒某惊奇地叫他朋友一起看，并且向猫扔石头，这只猫一跳就不见了。

注：猫说人话，最开始在严遵美那一节有记载，笔贴式的猫替人回答，没什么不吉利的。如果黄门所说的雄猫都能说人话，雌猫不能，这倒是比较奇异。然而不应当说话的猫说话了，它被打被抛弃也是应该。在《太平广记》上记载的猫说的『别这样做，别这样做』，大概都是寓言。至于猫学唱歌，和虫子知道诗词歌赋一样，的确是别开生面的事。

蒋稻香田云：『阳春县修衙署，刚筑墙。一日，其匠未饭，有猫来，窃食其饭并羹。匠人愤极，旋捉得此猫，活筑墙腹以死。工竣后，衙内人皆不安，下人小口率多病亡。因就巫家占之，云：「此猫鬼为祟，在某方墙内」。于是拆墙，果得死猫。遂用巫者言，奠以香锭，远葬荒野，自是一署泰然。此道光十六年事，余在幕亲见之。』

蒋稻香（田）说：『阳春县修县衙，刚刚筑墙。一天，工匠还没有吃饭，有猫来了，偷吃他的饭和汤。工匠气极，立即捉到此猫，并把它活砌在墙里。竣工后，县衙里的人都不安生，下人和小孩接连病死。于是请巫师占卜，说：「这是猫鬼作祟，在某面墙里」。于是把墙拆了，果然有只死猫。于是听巫师的话，拜祭它供以香锭，把它远葬在荒野，这才太平下来。这是道光十六年的事，我亲眼所见。』

原 译 注

又云：『湖南有猫山，相传昔有猫成精，族类甚繁，其子孙皆若知事。凡猫死，悉自葬此山，其冢垒垒然，不可计数。山出竹，名猫竹，甚丰美；其无猫葬处，则无之。猫竹之名本此，作毛、茅皆非。』

也有的说：『湖南有座猫山，传说曾经有猫在这里成精，族群繁盛，它的子孙都明白事理。只要有猫死了，都自己埋葬在这里，它们的坟墓很多，数都数不清。山里长出的竹子，叫作「猫竹」，十分茂盛；没有猫埋葬的地方，就不长竹子。「猫竹」这个名字，本来就是这个写法，写成「毛」「茅」都不对。』

原 译 注

汉按：瘗死猫于竹地，竹自盛生，并能远引竹至。据此，则《本草》载之不诬也。《洴澼百金方》有『猫竹军器』，亦不作『毛』。

余蓝卿云：『嘉庆十六年，河南白莲教匪林清煽乱，烽烟绵亘数省。是时，中州人家有猫生狗，鸡窝出猫之异。』

孙赤文云：『道光丙午夏秋间，浙中杭绍宁台一带，传有鬼祟，称为三脚猫者。每傍晚有腥风一阵，辄觉有物入人家室以魅人，举国皇然。于是各家悬锣钲于室，每伺风至，奋力鸣击，鬼物畏锣声，辄遁去。如是者数月

注：在埋死猫的地方种竹子，竹子自然生长茂盛，并且能把远处的竹子引到这里来生长。这在《本草纲目》中有记载，并非捏造。《洴澼百金方》中记载有用『猫竹做的兵器』。这里的也不写作『毛』。

余蓝卿说：『嘉庆十六年，河南白莲教匪徒林清煽动叛乱，烽烟好几个省都连绵不绝。当时，这个地方的人家里有猫生狗，鸡窝生出猫的异象。』

孙赤文说：『道光丙午那一年的夏秋季，浙江杭州绍宁台一带，传说有被称为「三脚猫」的鬼祟。每天傍晚时分便刮起一阵腥风，经常有东西进入百姓家里迷惑人，整个国家的百姓都惶惶不安。于是各家都在家里挂锣鼓，每天等到起风的时候，就奋力敲锣，鬼

始绝，是亦物妖也。』

会稽陶蓉轩先生汝镇云：『猫为灵洁之兽，与牛驴猪犬迥异，故为贵贱所同珍。且古来奸邪之人，其转世堕落为牛为马、为犬为猪，如白起、曹瞒、李林甫、秦桧之辈，不一而足，未闻有转生为猫者，可见仙洞灵物，不与凡畜侪矣。』

魅害怕锣声，就逃走了。这样做了几个月才停止，这是异物在作怪。』

会稽陶蓉轩先生（汝镇）说：『猫是有灵性爱干净的动物，和牛驴猪狗完全不同，所以它们的贵贱也有所分别。自古以来，奸邪小人转世堕为牛马猪狗，比如白起、曹瞒、李林甫、秦桧这样的人，有举不完的例子，没有听说有转世为猫的。猫可以看到仙洞灵物，和平常的家畜不是一类。』

原 译 注

刘月农巡尹荫棠云：『番禺县属之沙湾茭塘界上，有老鼠山，其地向为盗薮，前督李制府瑚患之，于山顶铸大铁猫以镇，猫则张口撑爪，形制高钜。予曾缉捕至此，亲登以观，而游人往往以食物巾扇等投入猫口，谓果其腹，不知何故。』

胡笛湾知鹾云：『天津船厂有铁猫将军，传系前朝所遗战船上铁猫。厂中废猫甚多，此独高大。因年久为祟，故有奉敕封号，每年例由天津道躬诣祭祀一次，至今犹奉行不替。』

余蓝卿云：『金陵城北铁猫场有铁猫，长四尺许，横卧水泊中，古色斑斓，不知何代物。相传扶弄之，则得子。中秋夕，士女如云，咸集于此。』

僧道宏每往人家画猫，则无鼠。邓

巡尹刘月农（荫棠）说：『番禺县位于沙湾茭塘的地界上，有座老鼠山，一向是强盗贼匪聚集的地方。前任长官李制府（瑚）为此很忧虑，在山顶铸造大铁猫镇邪。猫大张着嘴巴，伸开爪子，高高地据守在那里。我曾经在这里捉捕犯人，亲自登上去看过。来游玩的人经常用食物、巾扇投到猫的嘴巴里，说填饱猫的肚子，不知道是什么缘故。』

胡笛湾说：『天津一家船厂有个「铁猫将军」，传说是前朝战船上的铁猫。这家船厂里废弃的铁猫很多，只有这个最大。因为时间久了就被崇拜，所以就有了封号。每年按例由天津道的官员亲自到场主

椿《画继》

虎啖人，于前半月则起于上身，下半月则起于下身，与猫咬鼠同也。《七修类稿》

狸处堂而众鼠散。《吕氏春秋》

持祭祀一次，到今天依然这样做。』

余蓝卿说：『金陵城北有个铁猫场，里面有个四尺多长的铁猫，横卧在水潭里，年代古老，色彩斑斓，不知道是哪个朝代的产物。传说用手抚摸触碰它就能生儿子，中秋晚上，男女都聚在这里。』

僧人道宏每次去人家里画猫，就不会有老鼠。

老虎吃人的时候，前半月从上身开始吃，下半月就从下身开始吃，和猫吃老鼠一样。

猫在屋子里老鼠就会退散。

原 译 注

平阳灵鹫寺僧妙智，畜一猫，每遇讲经，辄于座下伏听。一日猫死，僧为瘗之，忽生莲花。众发之，花自猫口中出。《瓯江逸志》

崇祯十四年，楚府猫犬流泪，有哭泣声。是时潢池祸炽，楚府被害尤烈，此其咎征也。《绥寇纪略》

平阳县灵鹫寺有个僧人叫妙智，养了一只猫，每次遇到僧人讲经，经常会在座下趴着听。一天，猫死了。僧人埋葬它，忽然长出莲花，众人发掘后发现花是从猫的嘴巴里长出来的。

崇祯十四年，楚府的猫狗流泪，发出哭泣的声音，当时灾祸不绝，楚府受灾尤为严重，这就是灾难开始的预兆。

注 译 原

崇祯十五年，山东妇人生一物，双猫首，首有角，角之颠有目，身如人，手垂过膝。巡抚陈以闻于朝上。仝上

六畜有马而无猫，然马乃北方兽，南中安得家蓄而户养之？退马而进猫，方为不偏。毛西河曾有此说，后之硕儒，苟能立议告改《礼经》，自是不刊之典。

淳安周上治《青苔园外集》

汉按：昔年杨蔚亭广文，与太平戚鹤泉进士尝论及此，谓为北产，力任耕战，故列六畜之首。论功用之宏，马为宜；论功用之溥，猫为正。《礼经》纂自北人，盖初不理会马之产惟北，而猫之产遍寰宇也，此说甚平允。蔚亭名炳，平阳人。

崇祯十五年，山东妇人生出了一个怪物，长着两个猫头，头上有角，角最上面有眼睛，身体和常人一样，手垂到膝盖。巡抚到朝堂上作了陈述。

六畜包括马却不包括猫，但是马是北方的动物，南方人家怎么能家家户户饲养呢？把马换成猫，这样才不会有失偏颇。毛西河曾经有这样的说法，后辈中有学问的大儒，随意提出要更改《礼经》，这本来就是不可更改的钦定典制。

注：先前，杨蔚亭（广文）和进士戚鹤泉谈论过这件事。说马的确是北方产的，但能够耕种、

参加战斗，所以位列六畜之首。说道功能用处的大小，还是马比较合适；说道功用的普遍程度，猫更加合适。《礼经》是北方人编纂的，可能一开始不了解马只有北方才有，而猫到处都有，这种说法十分公允。杨蔚亭名叫炳，是平阳人。

原 译 注

张暄和参军德和云：『猫与蛇交，则产狸猫，故斑纹如蛇也。』谓此说于权黄冈同守时，得之民间。噫！亶其然乎？然交非其类，禽兽往往有之，姑存其说，俟质博雅。汉自记。

姑苏陈爰琴本恭云：『虎骨辟兽，猫皮辟鼠，獭皮辟鱼，鹰羽辟鸟，以其本性尚存也。然必原体方验，若骨煮、皮甍、羽熏，则不然。』

汉按：一西客云，皮草中一种细毛，黑润可爱，名为猫甍，似紫猫而实非也。此『甍』字见《周礼·考工记》鲍人注。考《释文》：『甍，人兖反。』《通俗编》云：『治皮曰甍』。又见《六书正讹》：『甍皮，俗作溅字，非。』

张暄和参军（德和）说：『猫和蛇交配，就会生下狸猫，所以狸猫身上的斑纹像蛇一样。』他说这种说法是与权黄冈一起任职时，从民间得到的。哎，果真是这样吗？然而和不是同类的动物相交配，动物中经常出现这种情况，姑且保留这种说法，等待更加博学的人来解释。黄汉自己记载。

姑苏的陈爰琴（本恭）说：『虎的骨头能驱散野兽，猫皮能驱逐老鼠，海獭的皮能驱鱼，老鹰的羽毛能驱鸟，因为里面还留存着他们本来的习性。但是一定要是从动物身体原来的样子才会其效果，如果骨头煮过了，皮加工过了，羽毛烧过了，就不会有效。』

注：有一个西方来的客人说，皮革中有一种细毛，黑色滑润，很是可爱，名叫作猫甍，看着像紫猫实际上不是。这个『甍』字在《周礼·考工记》有注释。考据《释文》：『甍，人兖反。』《通俗编》记载：『制作皮具，称作甍』。《六书正讹》也有记载：『甍皮，习惯写作溅字，但是不对。』

原 译 注

桐城刘少涂继云：『道光丙午春，余家所蓄老麻猫，生一子，白色，长毛毵毵，形如狮子。友人方存之云：「此异种也，不可易得。」养之年余，日夕在旁，鼠耗寂然。一日，天未明，猫忽至余床上，大吼数声而去，已而死焉。庸猫得奇子，灵异如此而不寿，惜哉！』

董霞樵上舍斿云：『川中一种峝苗，祀祖用苗曲，侏俚不可解。谓其音曼衍，则神享而族盛。相传僚、僮、苗，皆百粤遗种，散处于滇、黔、楚、蜀及两粤之间，猫后改为苗。』霞樵，泰顺人，尝为川督蒋砺堂幕客。

桐城的刘少涂（继）说：『道光丙午年的春季，我家养的老麻猫生了只小猫，白色，长着细长的毛，形状像狮子一样。朋友方存之说：「这是异种，不容易得到。」养了一年多了，早晚都在身边，老鼠不见踪迹。一日，天还没亮，猫忽然到我的床上，大叫数声后离去，很快就死了。普通的猫生了奇特的小猫，如此灵异却不能长寿，可惜了啊！』

董霞樵（斿）说：『川中地区有一种峝苗，他们用苗歌祭祖，很神秘没法听懂。听说歌声很美妙，神仙很喜欢就会保佑他们的种群繁盛。传说僚、僮、苗这三种都是百越这个地方遗留下来的，散布在滇、黔、楚、蜀以及两粤这些地方之间。猫后来改名为苗。』霞樵，泰顺人，曾经是川中都督的幕僚。

汉按：徽州班戏曲有《猫儿歌》，亦称《数猫歌》，盖急口令之类。猫之嘴、尾数虽只一，而其耳与腿则二四递加，数至六七猫，口齿迫沓，鲜有不乱，盖急则难于计算耳。倪翁豫甫楙桐云：『京师伎人有名八角鼓者，唇舌轻快，尤善于此歌。虽数至十余猫，而愈急愈清朗，是精乎此伎者也。』

猫歌大略如：『一只猫儿一张嘴，两个耳朵一条尾，四条腿子往前奔，奔到前村。两只猫儿两张嘴，四个耳朵两条尾，八条腿子往前奔，奔到前村。』下皆仿此，惟耳腿之数以次递加尔。

注：徽州戏班演唱的戏曲，有首『猫儿歌』，也叫作『数猫歌』，大概是绕口令之类的。猫的嘴巴、尾巴的数量虽然只有一个，但是猫耳朵和腿则是从二到四相加；数到六七只猫，口齿不清，很少有不乱的，大概是因为速度快而难以计算吧。倪翁豫甫（楙桐）说：『京城有个名叫八角鼓的艺人，口齿灵活，尤其擅长唱此歌。哪怕数到十只猫，也越唱越清朗，是这一技艺的佼佼者了。』

猫歌大概如下：『一只猫儿一张嘴，两个耳朵一条尾，四条腿子往前奔，奔到前村。』下面都仿照此说，只有耳朵，腿的数量依次增加而已。

倪豫甫又云：『河东孝子王燧家，猫犬互乳其子，言之州县，遂蒙旌表。讯之，乃是猫犬同时产子，取其子互置窠之，饮其乳惯，遂以为常。此见《智囊补》，列于伪孝条。想当时必以孝感蒙旌。然则物类灵异处，亦有可伪托者，一笑。』豫甫，浙之萧山人。

汉按：猫为火兽，甚不宜于水；犬为土兽，见水不畏，而亦能搏鼠，故船家多蓄犬而少蓄猫。

又按：周藕农《杂说》云：『猫忌咸，而东海之猫饮不离盐；猫畏寒，而西藏之猫卧不离冰，由其习惯成自然。今猫见波涛而惊，诚惯于陆，不惯于水也。』

倪豫甫还说：『河东一个孝子王燧家里面，猫和狗互相喂养它们的孩子，这事传到了州县里，于是受到了表彰。询问后才知道，其实是猫狗同时产子，拿它们的孩子交换巢穴，喝它们的奶，所以就认为很平常了。这在《智囊补》中列在「伪孝」条目里。想必当时以为是他的孝顺才表彰他，实际上是动物自身很奇特，也能作为孝顺的寄托吗？好笑。』倪豫甫是浙江萧山的人。

注：猫是属火的动物，特别不适合在水中；狗是属土的动物，看到水不会害怕，而且也能抓老鼠，所以船家大多养狗很少养猫。

又注：周藕农《杂说》记载：『猫忌讳咸的东西，而东海的猫喝水都不离盐；猫怕冷，但是西藏的猫睡觉都不离开冰，是因为习惯成自然了。现在猫遇到波涛就会害怕，实际上是习惯了陆地，不习惯水里。』

倪豫甫云：『湖南益阳县多鼠，而不蓄猫，咸谓署中有鼠王，不轻出，出则不利于官。故非特不蓄猫，且日给官粮饲之。道光癸卯，云南进士王君森林令斯邑，遂余偕往，余居之院甚宏敞，草木蓊翳，每至午后，鼠自墙隙中出，或戏或斗，不可胜计，习见之，而不以为怪也。一日，有大猫由屋檐下，伺而捕其巨者。相持许久，鼠力屈而毙。自此猫利其有获而日至焉。乃积旬而鼠无一出者，后竟寂然。噫！猫性虽灵，其奈鼠之黠何。然余在署三年，衣物从未被啮，鼠或知豢养之恩，不敢毁伤，且人无机械，物亦安之尔。』

汉按：有此一惩，积害以除，不可谓非猫之功也。但不知鼠耗寂然之后，其日给官粮可以免否？谚云：『籴谷供老鼠，买静求安。』是亦时世之一变，可叹也夫。

镇平黄仲方文学瑨元云：『呼[illegible][illegible]，则

倪豫甫说：『湖南益阳县有很多老鼠却不养猫。都说是官署里有鼠王，不轻易出现，一出现就对官员不利。所以非但特地不养猫，还每天用官粮喂养老鼠。道光癸卯年间，云南进士王君森前往该辖地，邀请我一起前去。我居住的院子非常宽敞，草木茂盛。每到午后，老鼠从墙缝里钻出来，嬉戏打闹，数不胜数。看习惯了，就不觉得奇怪了。一天，一只大猫从屋檐跳下来，伺机捉捕老鼠里比较大的那只。相持很久，老鼠力气不足死掉了。从此猫占据有利地位，每天都有收获，这样一阵子之后就没有老鼠出来了，最后竟然没有老鼠的声音了。哎！猫虽然很有灵性，奈何老鼠如此狡黠。然而我在官署三年，衣服从来没有被咬烂过。老鼠可能也知道报答被豢养的恩情，不敢毁坏。而且人没有使用机械去

鸡来。见《说文》；呼卢卢，则狗来，见《演繁露》，此声气应求也。猫则呼苗苗即来，作汁汁亦来。』白珽湛渊静语：『所谓唇音汁汁，可以致猫，声类鼠也。此乃物类相感也，说见翟灏《通俗编》。』

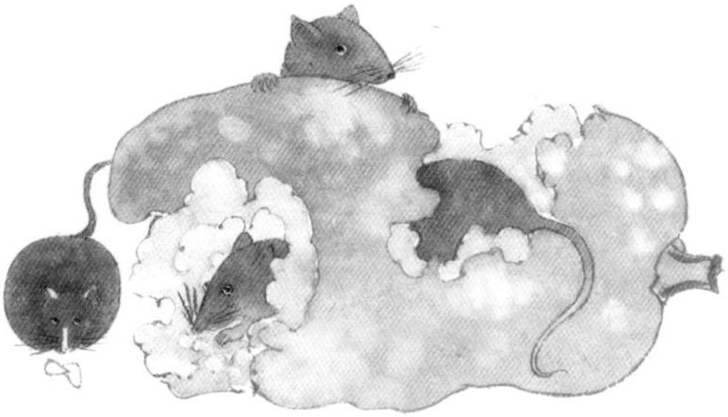

捉捕老鼠，也就相安无事。』

注：有这样的一次惩戒，鼠患可以消除了，不得不说是猫的功劳。但不知道这样鼠患沉寂之后，每天给老鼠的官粮可以免除了吗？有民谚说：『籴谷供老鼠，买静求安。』这也是时代的变化，很让人感叹啊。

镇平的黄仲方（瑨元）说：『发出「喌喌」的声音，鸡就会来。』《说文》有此记载。发出「卢卢」的声音，狗就来了。《演繁录》有此记载。这是发出对应声音叫动物的方法，叫猫发出「喵喵」的声音就会来，发出「吱吱」的声音猫也会来。』白珽湛（渊静）说：『所谓「吱吱」的唇语，可以叫来猫，是因为它类似于老鼠的声音，这就是动物种类间的感应。见于翟灏的《通俗编》。』

仲方又云：『俗称猫为虎舅，教虎百为，惟不教之上树，此见《陆剑南诗集》自注。梁绍壬《秋雨庵随笔》引之，不载出处，盖未之考耳。』汉按：《秋雨庵》此节已采入兹篇，今家仲方为指明出处，以见此等俗语其来已久，益信而有征也。

仲方又云：『《游览志余》载杭俗言人举止仓皇为「鼠张猫势」。以鼠见猫即窜逸，猫势于是益张耳。此语可对「狐假虎威」。』

胡笛湾，字平叔秉钧，博学而工韵语，有猫诗云：『名本从苗得，功推用世深。疑狐休相貌，防鼠恤儒心。昼静埋头睡，宵寒拥鼻吟。验时晴一线，中有定盘针。』又：『蜡典崇官礼，程材隘相经。皮毛凭驳杂，眼界总晶荧。忌刻原根性，纯

仲方还说：『民间说猫是老虎的舅舅，教虎各种技艺，就是不教它上树，这可以在《陆剑南诗集》的自注里看到，梁绍壬的《秋雨庵随笔》里引用，没有记载出处，大概是没有考证。』注：《秋雨庵》这一节，已经采录进了本篇，现在为黄仲方指明出处，由此可见这样的俗语由来已久，越发显得可信且有所验证。

仲方还说：『根据《游览志余》记载，杭州俗语称举止慌张鲁莽的人是「鼠张猫势」，是因为鼠看见猫立刻就要逃走，猫的势力就更加扩张，这个词和「狐假虎威」类似。』

胡笛湾，字平叔（秉钧），十分博学且擅长韵语，作了和猫相关的诗：『名本从苗得，功推用世深。疑狐休相貌，防鼠恤儒心。昼静埋头睡，宵寒拥鼻吟。验时晴一线，中有定盘针。』还有『蜡典崇官礼，程材隘相经。皮毛

原 译 注

阴此化形。莫徒欺鼠辈，相食等膻腥。』皆名隽可喜，次篇语含讥贬，岂有激而云然耶？平叔，山阴人，以知鹾需次粤之潮州。汉记

咏物诗贵有寓意，否则亦须韵致。陶文伯炳文猫诗云：『为护山房几架书，殷勤花下饲狸奴。春深看取寻阴地，欲为消寒八九图。』『天生风采虎纹斑，洞里丹曾炼九还。莫讶不随鸡犬去，要留仙骨住人间。』『闾阎鼠耗渐消亡，运用灵威妙有方。锻狱终归无济处，当年应已笑张汤。』意新语创，韵致自佳。乃弟诘甫士廉亦有一绝云：『春风一轴牡丹图，谁把精神绘雪姑。为问穴中诸鼠辈，年来曾已化驽无。』蕴藉风流，一结犹有意味。汉记

猫，一捕鼠小兽，何书之开载治疗甚多？但猫善搜穴捕鼠，故凡病属鼠类，有在幽僻鬼怪之处，而药所难入者，无不藉此以为主治。

凭驳杂，眼界总晶荧。忌刻原根性，纯阴此化形。莫徒欺鼠辈，相食等膻腥。』都写得隽永可喜。第二篇饱含讥讽的语气，难道是有所激愤才作的吗？平叔，山阴人，因为管理盐政被授予官职填补粤地潮州的空缺。

咏物诗贵在有所寓意，不然也需要有韵致。陶文伯（炳文）所作的猫诗：『为护山房几架书，殷勤花下饲狸奴。春深看取寻阴地，欲为消寒八九图。』『天生风采虎纹斑，洞里丹曾炼九还。莫讶不随鸡犬去，要留仙骨住人间。』『闾阎鼠耗渐消亡，运用灵威妙有方。锻狱终归无济处，当年应已笑张汤。』意象新奇用语有创意，自然韵致就很好。我的弟弟洁甫（士廉）也有一首好诗：『春风一轴牡丹图，谁把精神绘雪姑。为问穴中诸鼠辈，年来曾已化驽无。』风度潇洒，含蓄有致，言尽而意无穷。

猫是一种捕老鼠的小动物，为何书里面

黄宫绣《本草求真》

张璐谓猫性禀阴贼，机窍地支，故其日夜视精明，而随时收放，善跳跃而嗜腥生。

仝上

汉按：机窍地支四字不可解，恐系伪误，求无善本质正，姑录以俟考。

寅木猫良鼠耗无。原注：『如初爻临寅木，吉神，主其家有好猫能捕鼠。』《卜筮正宗·新增家宅篇》

汉按：一说虎与猫俱属寅肖，据此似可凭信。

记载猫用作治疗的用途这么多？猫擅长搜索洞穴捕捉老鼠，所以凡是生的病属于鼠类，或者有奇特诡异的疾病，普通药无法医治的，猫都能起很大作用。

张璐说猫的秉性阴暗狡猾，机敏灵巧，所以它能够日夜都看得很清楚，而且收放自如，善于跳跃且嗜好血腥生冷的食物。

注：『机窍地支』四字不可解，恐怕是误笔，没有找到善本修正它，姑且抄录于此。

农历正月这个时候出生的猫品种好，就没有鼠患。原注：『如果初爻在寅木、吉神这两个方位，主人家就会获得能捉老鼠的好猫。』

注：『也有的说老虎和猫都属于寅时的生肖，根据这种说法，似乎可以相信。』

原 译 注

人被猫咬伤，薄荷叶为末涂之，愈。又方：用虎骨虎毛，烧末涂之。许浚《东医宝鉴》

大埔赖智堂云章云：『猫咬伤，重者不治，亦能死。道光癸卯，海阳令史公家人，李姓罗姓，初住寓中，因捉邻猫，两人手指俱被猫咬伤。初视为平常，乃越二十余日，而李姓者忽发寒热，臂腕旁起一小核，焮痛异常。虽知猫毒，但无人识治。数日不省人事，声如猫叫而殂。其罗姓者，过四十余日，臂腕亦起□小核，渐见气喘，不思饮食，越五六日亦毙。甲辰年，潮嘉道署家人郑三被猫咬伤中指，过二十余日毒

人被猫咬伤之后，用薄荷叶做成粉末涂抹，就会痊愈。也有药方：用虎骨虎毛，烧成粉末涂抹患处。

大埔的赖智堂（云章）说：『被猫咬伤，严重而不去医治的人，也会导致死亡。道光癸卯年间，海阳令史公家里的人，姓李姓罗的，一开始住在房子里，因为捉邻居家的猫，两个人的手指不慎被猫咬伤。一开始觉得是平常事，过了二十余天姓李的人忽然发烧，胳膊旁边长了个包，又肿又痛。虽然知道是猫毒，但是没人知道怎么医治。几天后已经不省人事了，声音和猫叫声一样，就死了。姓罗的人过了四十多天，胳膊上也长了包，渐渐地开始气喘，不想吃饭，过了

发，臂腕亦起核，按之疼痛，以目睹李、罗之祸，不胜惶惧，访余医治。因思猫之伤人致死，古今医书鲜载治法，当自出臆见，酌制二方治之，逾月遂愈。其方用既有效，不敢自私，请附刊传，公诸同好。』

原用水药方十二味，名普救败毒汤：防风、白芷、郁金制、木鳖子去油、穿山甲炒、川山豆根以上各一钱。净银花、山慈菰、生乳香、川贝；杏仁去皮，夫以上各一钱五分。苏薄荷三分、水煎，半饥服，口渴加花粉一钱。

原用丸药方八味，名护心丸：真琥珀、绿豆粉各八分。黄蜡、制乳香，各一钱。水飞朱砂、上雄黄

五六天也毙命了。甲辰年间，潮嘉道署的家人郑三被猫咬伤中指，过了二十几天毒发，胳膊也长包，一按就感到疼痛，因为目睹了李、罗二人的灾祸，十分害怕，找我医治。因为想着猫伤人致死的医方，古书里很少有记载。就自己想了办法，考虑之后制作了两副药方为他医治，过了一个月就痊愈了。药方既然有效果，不敢私藏，附在书里，供大家查阅。』

制作汤药的药方共十二味药，名『普救败毒汤』：防风、白芷、郁金（制）、木鳖子（去油）、穿山甲（炒）、川山豆（根部），以上各需要一钱。净银花、山慈菰、生乳香、川贝，杏仁（去皮），以上各需要一钱五分。苏薄荷三分、用水煎煮，感到半饿的时候服用，如果口渴再加一钱花粉。

制作药丸的药方共八味药，叫『护心丸』：

精，生白矾，各六分。生甘草，五分。

先用好蜂蜜三钱，同黄蜡煮溶，将余药七味共研细末入之，搅匀取起，丸如绿豆大，另用朱砂为衣。每服一钱五分，用滚水送下。每日夜，先服汤药，后服丸药，各一二次。忌五辛鱼肉煎炒及发物。

外用好薄荷油少许，由上臂涂至下臂，至伤处止。其伤口不可涂，留出毒气，仍戒恼怒房劳。

汉按：赖智堂精于岐黄，有手到病除之妙，观其所制右二方，极其精思，宜乎用有效验。且家猫驯熟，鲜有咬人，其因伤致死，则更鲜闻，非如猘犬比，故皆视为寻常，而古今医书因亦无载治疗。岂知天下之大，无事不有，李、罗二姓人之祸，殆其显

真琥珀、绿豆粉各八分，黄蜡、制乳香各一钱。水飞朱砂、上雄黄精、生白矾各六分。生甘草五分。

先用三钱的好蜂蜜同黄蜡一起煮到溶化，将其余七味药一起研磨成细粉末，加入后搅匀取出，药丸和绿豆一样大。另外用朱砂做药衣。每次服用一钱五分，用滚水送服。每天晚上先喝汤药，再服用药丸，各一两次。忌讳：五辛、鱼肉、油炸食品以及发物。

外敷就用少量好薄荷油，从手臂上端涂到下端，到伤口处停止。伤口上不能涂，留着使毒气出来，还不能恼怒、辛劳。

注：赖智堂精通医术，有手到病除的效果。看他所制作的两副药方，非常精细，用了应该会有效果。而且家猫驯养熟练，很少会咬人，因为猫伤致死的就更少听说了。猫不像凶狗，所以都觉得被猫咬伤是件寻常事，所以古今的医书都很少有记载治疗之法。哪知道天下如此之大，什么事都会发生，李、罗二人的灾祸，不是其中很典型的吗？如今我把药方收录在本

著者焉？今智堂愿得其方，亟为刊入，俾广见闻，盖亦不无小补也。

申甫，云南人，任侠，有口辨。为童子时，尝系鼠嬖于途，有道人过之，教甫为戏。遂命拾道旁瓦石，四布于地，投鼠其中，奔突不能出。已而诱猫至，猫欲取鼠，亦讫不能入。猫鼠相拒者良久。道人耳语甫曰：『此所谓八阵图也，童子欲学之乎？』节录《申甫传》。《汪尧峰文钞》

汉按：申甫，即明季刘公纶，金公正希所荐以剿寇而败亡者。又按：俗有取粗线织成圆网，用以罩鼠，四方上下，四面皆圈，鼠入其中，冲突触系，终不能出，名为八阵圈，亦名天罗地网。

书里，增添人们的见闻，大概也是一些补充。

申甫，云南人，好行侠仗义，口才很好。当他还是小孩子的时候，曾经在路上牵着老鼠玩。有道人路过，教申甫戏耍鼠，就让他捡起路边的瓦砾石头，分布在地上，把老鼠放进去。老鼠奔逃很久却不能出来。老鼠很快把猫引诱过来，猫想抓鼠也始终进不去，猫鼠相持了很久。道人对申甫耳语道：『这就是所谓的「八阵图」，你想要学吗？』节选自《申甫传》。

注：申甫，就是刘之纶、金正希所推荐的那个抗击元兵失败被杀死的人。又注：民间有人拿粗线编织成圆网，用来罩鼠，四方上下都是圈，老鼠进入后，冲撞缠系于内，最终还是出不来，此名为『八阵圈』，也叫作『天罗地网』。

注 译 原

嘉应黄薰仁孝廉仲安云：『州民张七，精于相猫。常蓄猫数头，每生小猫，人争买之，皆不惜钱，其知种佳也。恒言黑猫须青眼，黄猫须赤眼，花白猫须白眼。若眼底老裂有冰纹者，威严必重，盖其神定耳。』又言：『猫重头骨，若宽至三指者，捕鼠不倦，而且长寿。其眼有青光，爪有腥气，尤为良兽。』

嘉应的黄薰仁（仲安）说：『州民张七十分精通相猫。经常养着几只猫，每次生小猫，人们都不惜争相重金购买，因为知道它的品种很好。他说黑猫应该有青色的眼睛，黄猫应该有红色的眼睛，花白猫应该有白眼睛，如果眼底有老裂的纹路，一定很有威严，大概是因为它的神色安定。又说猫的颈骨很重要，如果有三个指头宽的猫，会不停地捉老鼠，而且寿命长，它的眼睛有青光，爪子有血腥气，是优良的动物品种。』

薰仁又云：『张七尝携一雏猫求售，索价颇昂，云此非凡种，乃蛇交而生者，因详述其目击蛇交之由。并指猫身花纹与常猫亦微有别，验之不诬。』

汉按：据此说，则张喧亭参军所云『猫与蛇交』一节，似可信也。

薰仁又云：『年前余得一猫金银眼者，花纹杂出，貌虽恶而性驯。善于捕鼠，进门未几，鼠遂绝迹，因呼之曰班奴。惜养未半年，遽死焉，盖因久缚故耳。佳猫多惧其逸，与其缚而损其筋骨，何如用大笼笼之耶？』

黄薰仁又说：『张七有一次带着一只小猫来卖，要价很高，说这不是一般的品种，是和蛇交配生的，于是他详细讲述了他看到猫和蛇交配的过程，并且指出猫身体上的花纹和普通的猫有细微的差异，验证不是假的。』

注：根据这种说法，那么张喧亭所说的『猫和蛇交配』一节，似乎可以相信。

薰仁又说：『过年前我得到了一只猫，金银色的眼睛，花纹杂乱，虽然看着凶猛实际性格很温顺。它善于捉老鼠，来我家没多久，老鼠就没有踪迹了，因此叫它「班奴」。可惜养了不到半年，忽然死了。可能是因为被拴着太久的缘故。好猫大多怕它逃走，与其用绳子绑着伤害它的筋骨，不如用大笼子关着。』

嘉应钟子贞茂才云：『州人有梁某，尝得一猫，头大于身，状甚奇怪，眼有光芒，与凡猫迥异。初莫辨其优劣，厥后不惟善捕鼠，而主家亦渐小康，珍爱而勿与人。有过客见之，饵以重价，始得售之。梁因问猫之所以佳处，客曰：「此猫自入门后，君家必事事如意，盖此猫舌心有笔纹故耳。其纹向外者主贵，向内者主富，今予得此，可无忧贫。」启口验之，果然，梁悔之不及。』

汉按：笔纹猫实所罕闻，且能富贵人，真兽中之宝也，惜乎不可多得。

嘉应钟子贞（茂才）说：『有个州民梁某，曾经得到了一只猫，头比身体大，形状非常奇怪，眼里面有光，和普通的猫不一样，一开始不能辨别它的品种优劣，后来发现它不仅擅长捉老鼠，主人家也越来越富裕，因为很珍爱它舍不得给别人。有个过客看到了，以高价收购才卖出去。梁某问猫好在哪里，客人说：「自从这只猫进门，你们家事事如意，大概是因为这只猫舌心上有笔纹的缘故，它的纹路向外，主人家就会地位尊贵，向内主人家就会富裕。今天我得到了这只猫，不用担心贫穷了。」打开猫的嘴巴检验，果然是这样，梁某后悔也来不及了。』

注：笔纹猫实在是很少听说，而且可以使人富贵，的确是动物里的珍宝，可惜很难得到。

注 译 原

长沙姜午桥兆熊云：『道光乙酉，浏阳马家冲一贫家，猫产四子，一焦其足，弥月丧其三，而焦足者独存。形色俱劣，亦不捕鼠，常登屋捕瓦雀咬之，时或缩颈池边，与蛙蝶相戏弄。主家嫌其痴懒，一日携至县，适典库某见之，骇曰：「此焦脚虎也！」试升之屋檐，三足俱申，惟焦足抓定，久不动旋；掷诸墙间，亦如此。市以钱二十缗，其人喜甚。先是典库固多猫，亦多鼠。自此群猫皆废，十余年不闻鼠声。人服其相猫，似得诸牝牡骊黄外矣。此故友李海门为余言之。海门浏邑庠生，名鼎三。』

汉按：『焦脚虎』三字，新而且奇。

钱塘吴鸿江官懋云：『余甥女姚兰姑蓄一猫，虎斑色，金银眼，无尾；产雌猫一，黑质白章，亦无尾，今四年矣。

长沙的姜午桥（兆熊）说：『道光乙酉年，浏阳马家冲一户贫困人家的猫生了四只小猫，其中一只猫的一只脚呈焦黑色，过了一个月另外三只都死了，只有焦脚的猫独自存活。形状毛色都很难看，也不会捕鼠，还常常爬上屋顶抓捕麻雀吃。有时缩着脖子在水池边戏弄蜜蜂蝴蝶。主人家嫌它痴呆懒惰，一天带着猫到县城，刚好管粮库的官员看到了，震惊地说：「这个是焦脚虎啊！」就试着把猫扔上屋檐，三只脚都伸展开，只有焦足牢牢抓住屋檐，很久都不松开。把猫扔在墙上也是一样。管粮库的官员用二十缗钱买下了这只猫，穷人很高兴。之前粮仓里有很多猫，但是也有很多老鼠，从此之后群猫都成了废物，十多年都再也没有听过老鼠的声音。人们都信服他相猫的水平，这种相猫理论好像是雌雄骊黄以外的新理论。这是老朋友李海

行相随，卧相依，时为母猫舐毛咬虱；每饭，必蹲俟母食而后食。母猫偶怒以爪，则却受不敢前，或出不归，则遍往呼寻；人或误挞母猫，则闻声奋赴，若将救然。甥女事母孝，咸以为孝感云。』

汉按：此与蒋丹林都宪之猫同为孝感所致，可谓无独有偶。鸿江，字小台。

门给我说的故事。李海门是浏阳城的庠生，名鼎三。』

注：『焦脚虎』这三字很新鲜奇特。

钱塘的吴鸿江说：『我的外甥女姚兰姑养了一只猫，呈虎斑纹、金银色眼、没有尾巴；生了一只母猫，黑色的身子白色的花纹，也没有尾巴。今年已经四岁了，形影相随，躺着都要相互依偎，有时小猫为母猫舔毛、咬虱。每次吃饭的时候，小猫一定会蹲着等母猫吃了再吃。母猫偶尔生气用爪子抓它，却忍受着不敢上前，或者出去不回来，母猫就到处呼叫寻找。人不小心打了母猫，小猫听到了声音就会奋不顾身地前来相救。我外甥女侍奉她母亲很孝顺，都认为是受到猫的感召。』

注：这与蒋丹林的猫一样孝顺，可以说是无独有偶。

鸿江又云：『姑苏虎邱多耍货铺，有以纸匣一，塑泥猫于盖，塑泥鼠于中，匣开则猫退鼠出，合则猫前鼠匿，若捕若避，各有机心，其人巧有如此者。儿童争购之，名猫捉老鼠。』

姜午桥云：『猫为惊兽，可对劳虫。蚁一名劳虫。』

汉按：昔余友姚雅扶先生淳植云：『鹤为傲鸟，鱼为惊鳞。』又云：『猫灵鸭懵，鱼愕鸡睨，蚁劳鸠拙，鹭忙蟹躁，蛙怒蝶痴，鹅慢犬恭，狐疑鸽信，驴乖蛛巧。』所述颇繁，因记忆所及，附识备览。雅扶，庆元廪生，寄居温郡。

朱赤霞上舍城云：『凡端午日，取枫瘿，刻为猫枕，可辟鼠，兼可辟邪恶。』

汉按：王兰皋有《猫枕》诗，今失传。

吴鸿江又说：『苏州虎邱有很多玩具店，有人用一个纸箱子，在盖子上做泥猫，在箱子里做泥鼠。箱子开了则猫退鼠出，箱子盖上则鼠退猫出，就像一个在追一个在躲，各自都有机巧之心，做这个的人真是巧妙。儿童争相购买，这个玩具叫作「猫捉老鼠」。』

姜午桥说：『猫是容易受惊的动物，和擅长劳动的蚂蚁相对。蚂蚁也叫作劳虫。』

注：先前，我的朋友姚雅扶（淳植）先生说：『鹤是骄傲的鸟，鱼是容易受惊的鳞介。』还说：『猫机灵鸭呆懵，鱼容易受惊，蚂蚁勤劳鸠鸟笨拙，白鹭繁忙蟹容易暴躁，青蛙胆小蝴蝶痴笨，鹅迟钝狗恭敬，狐狸多疑鸽子守信，驴伶俐蜘蛛精巧。』他所说的非常繁杂，因为记忆力有限，

昔周藕农先生尝云，兰皋令台湾课士，以猫枕为赋题，用猫典者，盖寥寥然。丁仲文杰云：『《猫苑》一出，则后之为诗赋者，皆可取材于此矣。补助艺林，功非浅鲜。』

附在这里以备浏览。姚雅扶，是庆元这个地方的廪膳生员，寄居在温郡。

朱赤霞说：『凡是在端午，拿枫瘿刻成猫形的枕头，可以防范老鼠，也可以防范邪恶的东西。』注：王兰皋有《猫枕诗》，今已失传。先前，周藕农先生说过，王兰皋在主管台湾教育、考试时，曾以『猫枕』为题让学子做赋，会用猫的典故事迹的人，寥寥无几。

丁仲文（杰）说：『《猫苑》一问世，后面为猫作诗文的人，都可以从里面选取素材了。对文学艺术的补充帮助，贡献很深远。』

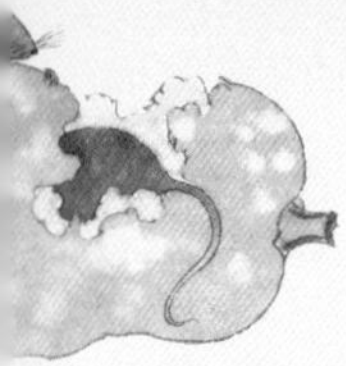

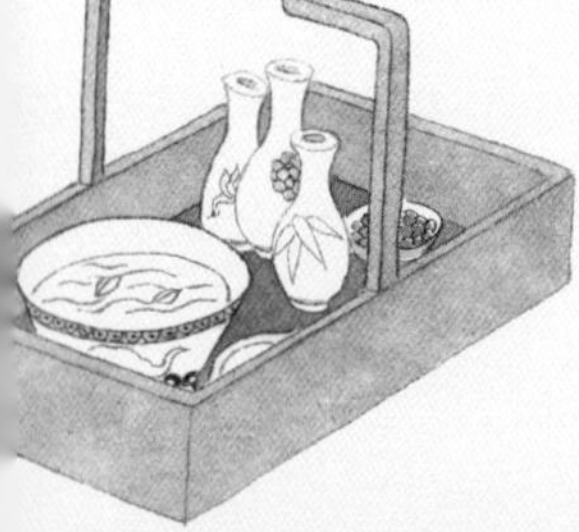

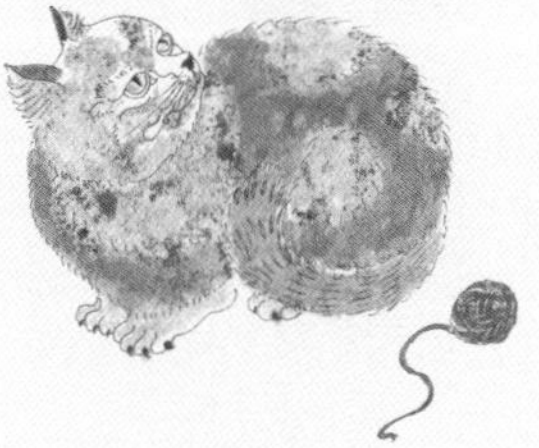

卷下

名物

原 译 注

夫名也物也，有宇宙来则皆萌之于无，存之于有。虽万类之杂出，万事之丛生，盖无物无名，无名无物，行影著于一旦，魂魄留于百世，资谈噱而供楮墨，又非独猫为然也。兹篇则专为猫资考证焉。辑名物。

猫名乌圆，《格古论》。又名狸奴。《韵府》。又美其名曰玉面狸，《本草集解》。曰衔蝉。《表异录》。又优其名曰鼠将，《清异录》。骄其名曰雪姑，《清异录》。曰女奴，《采兰杂志》。奇其名曰白老，《稽神录》。曰昆仑妲己，《表异录》。

汉按：以乌圆为猫，相沿久矣。考王忘庵题画猫诗『乌圆炯炯』，则似专指猫眼而云然也。

事物及其名称，宇宙之初就从无中萌生，在有中存在。虽然万事万物的种类层出不穷，大致说来，没有无名的事物，也没有无实物而存在的名字，事物的形影是一夕之事，魂魄的留存却百世不息。为后世提供谈论的话题供人用笔墨记录的，不是只有猫一种。这篇专门为考证猫的资料所做，编为名物篇。

猫的名字叫乌圆（《格古论》），又叫作狸奴（《韵府》），也有美称叫作『玉面狸』（《本草集解》），以及『衔蝉』（《表异录》）。也有夸它为『鼠将』（《清异录》），或者『雪姑』（《清异录》），也有叫『女奴』（《采兰杂志》）。或者奇特的称它为『白老』（《稽神录》），或者『昆仑妲己』（《表异录》）。

注：以『乌圆』称呼猫的说法，沿用很

胡笛湾云：《清异录》载，武宗为颖王时，邸园蓄禽兽之可人者，以备十玩，绘十玩图，鼠将猫。

久。考证王忘庵《题画猫诗》：『乌圆炯炯』，似乎是专指猫眼而言的。

胡笛湾说：『《清异录》中记载，周武王在做颖王的时候，府邸园林里养着可爱的动物，备齐了十种好玩有趣的动物，绘制十玩图，其中一幅图叫作鼠将猫。』

原 译 注

猫，乃小兽之猛者。初，中国无之，释氏因鼠啮佛经，唐三藏禅师从西方天竺携归，不受中国之气。《尔雅翼》

汉按：此说《玉屑》载之，且谓猫乃西方遗种。夫开辟之初，禽兽即与万类杂生，故五经早有猫字，何待后世释氏取西域之遗种耶？此固谬谈，不谓《尔雅翼》乃亦引用其说。

养鸟不如养猫，盖猫有四胜：护衣书有功，一；闲散置之，自便去来，不劳提把，二；喂饲仅鱼一味，无须蛋、米、虫、脯供应，三；冬床暖足，宜于老人，非比鸟遇严寒，则冻僵矣，四。第世俗嫌其窃食，多梃走之。然不养则已，养不失道，虽赏不窃。韩湘严《与张度西书》

猫，是很凶猛的小动物。一开始中国没有猫，佛家因为老鼠啃咬佛经，唐三藏禅师从西方天竺国带了猫回来，不受中国的环境和动物的压制。

注：这种说法是《玉屑》记载的，说猫是西方流传来的品种。开天辟地之时，动物就和其他万物共同存在，所以『五经』中早有猫这个字，哪需要等着后世佛家从西域携带来呢？这种荒谬的言论，《尔雅翼》居然都引用这个说法。

养鸟不如养猫，可能是因为猫有『四胜』：保护衣服书籍有功，这是其一；闲散地放置它，来去自如，不让人劳心费神，这是其二；

喂养它只需要鱼就够了，不需要为它提供蛋、米、虫、肉，这是其三；冬天可以暖床暖脚，对老人有好处，不像鸟一样遇到严寒天气就冻僵了，这是其四。一般的俗人嫌弃猫偷粮食，用棍棒把猫打得逃走。不养就算了，如果遵循一定的方法来养，就可以喜欢上猫而不使它偷窃粮食。（韩湘严《与张度西书》）

原 译 注

纳猫法，用斗或桶，盛以布袋，至家讨箸一根，和猫盛桶中携回。路遇沟缺，须填石以过，使不过家，从吉方归。取猫拜堂灶及犬毕，将箸横插于土堆上，令不在家撒屎，仍使上床睡，便不走往。《崇正谬通书》

汉按：瓯人纳猫，用草代箸，量猫尾同其长短，插草于粪堆上，祝之：『勿在家撒屎。』余与《通书》大略相同。

纳猫日宜甲子、乙丑、丙午、丙辰、壬午、壬子、庚子、天月德、生炁日，忌飞廉、受死、惊走、归忌等日。仝上

汉按：凡大月初五、十七、廿九，小月初八、二十为惊走日，其飞廉诸煞，时宪书俱明载可稽，兹不复赘录。

把猫带回家的方法是用斗、桶或者布袋，到主人家讨要一根筷子，和猫一起放在桶里带回家，路上遇到沟缺不全的地方，要填满石头才能过去，而且不直接把它带回家，要从吉利的方位回家。让猫依次祭拜堂屋、灶和狗。完毕后，将筷子横插在土堆上，这样能使它不在家撒屎尿，依然让它在床上睡觉，就不会回到以前的地方。

注：瓯人把猫带回家的方法是用草取代筷子，量猫尾巴的长短，用和尾巴一样长短的草，把草插在粪堆上，祷告希望猫不在家里面屙屎尿。与《通书》上所说大略相同。

把猫带回家的日子，以甲子、乙丑、丙午、丙辰、壬午、壬子、庚子、天月德、生炁日这些日子为好，要忌讳飞廉、受死、惊走、归忌这些日子。

注：凡是大月初五、十七、廿九，小月初八、二十这些日子，被称为『惊走日』，像飞廉这样的凶神，《时宪书》里都明确记载可供查核，故不多余记录。

原 译 注

阉猫日净。《臞仙肘后经》

番禺丁仲文孝廉杰云：『公猫必阉，煞其雄气，化刚为柔，日见肥善。时俗又有半阉猫，只去内肾一边，其雄气未尽消亡，更觉刚柔得中。』

汉按：《通书》载净猫，宜伏断日，忌刀砧、血刃、飞廉、受死、血支等煞。凡阉猫须于屋外，猫负痛自奔回屋内，否则必外逸，从此视屋内如畏途矣。阉时，又须将猫头纳入卷箪之口，阉毕纵之，则从后口奔去，庶免被啮伤手，亦法之良也。

阉割过的猫渐渐会变得安静。

番禺的丁仲文（杰）说：『公猫一定要进行阉割去除他的雄气，化刚为柔，会逐渐变得肥胖和善。但是民间又有半阉猫的说法，只把内肾一边进行阉割，使它的雄气不完全消失，更加显得刚柔并济。』

注：《通书》记载阉割猫，应该选在伏断日，避讳刀砧、血刃、飞廉、受死、血支这些凶神。阉猫应该在屋外，猫忍着疼痛会自己跑到屋里来，不然必定向外跑，从今以后把屋内看作可怕的地方。阉割的时候，还应该把猫的脑袋放到卷起的竹器里，阉割完再放开它。猫就会从后面的小口逃走，就会免于被猫咬到手，也是很好的办法。

原

古人乞猫必用聘。黄山谷诗『买鱼穿柳聘衔蝉』。瓯俗聘猫，则用盐醋，不知何所取义。然陆放翁诗『裹盐迎得小狸奴』，其用盐为聘由来旧矣。《丁兰石尺牍》

注

黄香铁待诏云：『潮人聘猫以糖一包。余从冯默斋教授乞猫，以茶二包为聘。』绍兴人聘猫用苧麻，故今有苧麻抉猫之谚。余向陶翁蓉轩家聘猫，盖用黄芝麻、大枣、豆芽诸物。汉自记

张孟仙刺史云：『吴音读盐为缘，故婚嫁以盐与头发为赠，言有缘法，俗例相

译

古人讨要猫，一定要下聘礼。黄山谷作诗说：『买鱼穿柳聘衔蝉』。瓯地民俗聘猫是用盐醋，不知道有何深意。陆游诗里说：『裹盐迎得小狸奴』，他诗里的用盐做聘礼，由来已久。

黄香铁待诏说：『潮州人聘猫，用一包糖。我从冯默斋教授那里讨猫，用两包茶做聘礼。』绍兴人用苧麻聘猫，所以现在有『苧麻抉猫』的谚语。我向陶蓉轩家聘猫，用的是黄芝麻、大枣、豆芽这些东西。黄汉自记。

刺史张孟仙说：『吴地的方言把盐读作缘，所以结婚嫁女的时候用盐和头发作为赠礼，意思是「有缘法」。民间的习俗沿袭下来，哪怕是士大夫也这样做。现在用盐聘猫，大概也是取「有缘」

醋
盐

沿，虽士大夫亦复因之。今聘猫用盐，盖亦取有缘之意。』此说近理，录以存证。又云：『猫既用聘，亦可言嫁，因忆年前余客江西，官常中，有以「嫁猫」二字为题征诗，林子晋明府尝索余赋之。此本俗事，当用俗语凑拍一篇，附录博粲：『天生物类知几许，人家养猫如养女。出窝便费阿媪心，抚护长成期捕鼠。九坎长尾更独胎，团云飞雪毛色开。唔唔作威良足爱，相攸渐见有人来。一旦裹盐聘娶逼，阿

的意思。』这种说法比较有道理，记录下来以待考证。也有的说，猫既然要用聘礼，也可以说是嫁。因此回忆年前我客居江西，官员中有以『嫁猫』二字作为题目征集诗篇，林子晋明府曾经向我索要以此为题的诗赋。这样的世俗事物，就应当用俗语凑写成篇，记载在这里博读者一笑：『天生物类知几许，人家养猫如养女。出窝便费阿媪心，抚护长成期捕鼠。九坎长尾更独胎，团云飞雪毛色开。唔唔作威良足爱，相攸渐见有人来。一旦裹盐聘娶逼，阿媪欲辞苦未得。抱持

媪欲辞苦未得。抱持不舍割爱难，痛惜只争泪沾臆。柳圈铜铃锦衣兜，先期细意装点周。相送出门再三嘱，善为喂养毋多尤。聘人唯唯为猫计，但愿勤能事有济。鼠耗消兮当策勋，眠毯食鱼应罔替。』南康郡博上官篆山豫原评云：『题甚新推，结有寓意，勿以俗事目之。』

不舍割爱难，痛惜只争泪沾臆。柳圈铜铃锦衣兜，先期细意装点周。相送出门再三嘱，善为喂养毋多尤。聘人唯唯为猫计，但愿勤能事有济。鼠耗消兮当策勋，眠毯食鱼应罔替。』南康郡博上官篆山豫原评价这首诗说：『题目非常新鲜雅致，结尾有所寓意。不能仅仅把它当作写俗事的诗来看。』

原 译 注

钱唐诗僧由庵，有至性，密云和尚开法金粟，师往问父母未生前话，云公以手掩面，擘开眼曰猫，师于是遂醒悟。《全浙诗话》

汉按：以手掩面，分指擘开口眼而喝曰猫，今瓯俗尚有以此戏幼孩也。初不知是何命意，今据由庵此节，岂真有禅理寓之耶？由庵，

钱塘的诗僧由庵，有卓绝的品性，密云和尚在金粟寺开坛做法，由庵前去问没有被父母生出来之前的事情，密云和尚用手掩面，手指露出眼睛说猫，于是由庵被点醒明悟。

注：用手盖着脸分开手指露出嘴巴眼睛说『猫』，现在瓯地民间还有这样逗小孩的习惯。一开始不知道是什么意思，现在

国初人，著有《影庵集选》。

张孟仙曰：『楚人以手拳物诱小儿，开之则曰猊。按猊，兽也，性善遁，故曰猊，言其已遁去耳。密云和尚之称，其果猊欤？如属空虚之义，则猊是也，说见《俗语解》。』镇平黄仲方云：『猊兽善遁，孙吴时拘缨国曾以进献，故吴俗以空拳戏小儿曰猊，见《谈概》。』

根据由庵这一节，难道这里面真的蕴含着禅理吗？由庵，国初人，著有《影庵集选》。

张孟仙说：『楚地的人手里握着东西捏成拳头逗小孩，伸开手就说猊。猊，是一种动物，善于逃遁，所以叫猊，意思是说它已经逃走了。密云和尚的说法，真的是和这里的意思一样吗？如果他的意思的确是空洞虚无，那么就是和猊的说法一样，在《俗语解》中可见。』

镇平的黄仲方说：『猊这种动物善于逃遁，孙吴时期，拘缨国曾经进献过。所以吴地风俗是用空拳逗小孩，说猊。见《谈概》。』

闽浙山中种香菰者，多取猫狸，挖去双眼，纵叫遍山，以警鼠耗。猫既瞎而得食，即无所他之，昼夜惟有瞎叫而已。王朝清《雨窗杂录》

汉按：此祛鼠之法虽善，未免恶毒，亦猫之不幸也。瓯人以昧不懂事，而喜叫嚣挥斥者，讥之为『香菰山猫儿瞎叫』。

闽南浙江一带山里有种香菰的人，他们大多把狸猫的眼睛挖去，让它们漫山遍野地叫，用来警告驱赶老鼠。猫既然已经瞎了并且能够得到食物，也没有别的事，只有白天晚上都瞎叫。

注：这种祛除老鼠的方法虽然有效，但是未免太过恶毒，对猫来说也是不幸。瓯人把糊涂不懂事却喜欢叫嚣训斥的人讥讽为『香菰山猫儿瞎叫』。

原 译 注

猫不食虾蟹，狗不食蛙。

——《识小录》

猫不吃虾蟹，狗不吃青蛙。

原

猫食鳝则壮，食猪肝则肥，多食肉汤则坏肠。《夷门广牍》

译

猫吃鳝鱼就会长得很强壮，吃猪肝就会发胖，多吃肉汤就会损坏肠胃。

注

原 译 注

猫食薄荷则醉。《埤雅》

胡笛湾知鹾云：『猫以薄荷为酒，故叶清逸《猫图赞》云：「醉薄荷，扑蝉蛾，主人家，奈鼠何。」』

猫食黄鱼则癞。《留青日札》

汉按：吴越多黄花鱼，鲜不以其余饲猫，未闻有生癞者。或谓此指黄颡鱼，以其得浑泥之气，猫食必病。今余文竹云：『寓中有佳猫，昨因食黄花鱼，生癞而死。』是《日札》之说又尚可信。有谓江浙黄花鱼俱经冰过，不比粤鱼气味发扬而有毒也，是亦近理。文竹，名珽辉，浙江遂安茂才，时偕其所亲毛厚甫明府寓于潮郡。

猫吸食薄荷后就会醉。

胡笛湾知鹾说：『薄荷对猫来说就像酒一样，所以叶清逸《猫图赞》说：「醉薄荷，扑蝉蛾，主人家，奈鼠何。」』

猫吃黄鱼就会得麻风病。

注：吴越这个地方多黄花鱼，很少不用它喂养猫的，却没有听说过生麻风病的。可能这里说的是黄颡鱼，因为它有泥土的浑浊之气，猫吃了必定会生病。今人余文竹说：『屋子里养了只好猫，昨天因为吃了黄花鱼，生了麻风病死掉了。』那么《日札》中的说法，也还可以相信。有的说，江浙一带黄花鱼都经过冰冻，不像粤鱼一样味道散开而有毒，也是很有道理。余文竹，名珽辉，是浙江遂安的茂才，当时和他所亲近的毛厚甫寓居在潮郡。

猫捕雀、蝶、蛙、蝉而食者，非狂则野，生疣及蛆。《物性纂异》

张孟仙云：『猫食野物则性戾而不驯；食盐物则毛脱而癞。』

陶文伯云：『猫喜捕雀每伏处瓦坳，伺雀跃而前，即突起扑之，百不失一。又喜与乌鹊斗。』

丁仲文杰尝分猫为三等，并立美名，如纯黄者曰金丝虎、曰戛金钟、曰大滴金；纯白者曰尺玉、曰宵飞练；纯黑者曰乌云豹、曰啸铁；花斑者曰吼彩霞、曰滚地锦、曰跃玳、曰草上霜、曰雪地金钱。其狸驳者，则有雪地麻、笋斑、黄粉、麻青诸名。

郑荻畴烺永嘉人，拟撰猫格，以官名别之。如小山君、鸣玉侯、锦带

如果猫捉捕鸟雀、蝴蝶、青蛙、蝉用来食用，那么猫会发狂变野，生出疣和蛆。

张孟仙说：『猫吃野物，脾气就会变得暴戾，难以驯服；吃盐一类的东西，就会毛发脱落生麻风病。』

陶文伯说：『猫喜欢捉捕鸟雀，每次趴在瓦坳这样的地方，等待鸟雀向前飞起，就立刻跳起来扑倒，一击即中，从无失手。猫也喜欢和乌鹊打斗。』

丁仲文（杰）曾经把猫分成三等，并且给予相应的美称。比如纯黄的猫，叫作『金丝虎』『戛金钟』『大滴金』；纯白色的猫，叫『尺玉』『宵飞练』；纯黑色的猫，叫『乌云豹』『啸铁』；花斑纹的猫，叫『吼彩霞』『滚地锦』『跃玳』『草上霜』『雪地金钱』。颜色杂乱的猫，则有『雪地麻』『笋斑』『黄粉』『麻青』等名字。

郑荻畴（烺），永嘉人，打算撰写类似官名的

君、铁衣将军、麹尘郎、金眼都尉。至于雪氅仙官、丹霞子、鼾灯佛、玉佛奴诸称，则以仙佛名之，更饶韵致。

汉按：猫之别称，在古有极雅者。相传唐贯休有猫名梵虎；宋林灵素有猫名吼金鲸，金希正有猫名铁号钟，于敏中有猫名冲雾豹。或云吴世璠败后，有三猫为军校所得，颈有悬牌，一曰锦衣娘，一曰银睡姑，一曰啸碧烟，皆佳种也。然余今昔交游，如陈镜帆广文，有猫曰天目猫；周藕农令河南时，有猫曰一锭墨。淳安周爽庭太学，有猫曰紫团花。泰顺董晋廷诣，有猫名乾红狮。是与遂安朱小阮之鸳鸯猫，萧山沈心泉之寸寸金，先后颉颃焉。

猫格，比如『小山君』『鸣玉侯』『锦带君』『铁衣将军』『麹尘郎』『金眼都尉』。至于『雪氅仙官』『丹霞子』『鼾灯佛』『玉佛奴』这些名称，则用仙佛来命名，更加富有韵致。

注：猫在古代有非常雅致的别称。传说唐贯休有猫，叫『梵虎』；宋林灵平常养的猫，叫『吼金鲸』；金希正的猫叫『铁号钟』；于敏中有猫叫『冲雾豹』。有的说，吴世璠兵败后，有三只猫被军校得到，脖子上挂有牌子，一个叫『锦衣娘』，一个叫『银睡姑』，一只叫『啸碧烟』，都是优良的品种。然而我过去到现在所交往的，像陈镜帆先生，有只猫叫『天目猫』。周藕农在河南任职时，有只猫叫『一锭墨』。淳安县周爽庭太学，有只猫叫『紫团花』。泰顺董晋廷诣，有只猫名叫『乾红狮』。遂安朱小阮的『鸳鸯猫』，萧山沈心泉的『寸寸金』，顺序不相上下。

原 译 注

猫犬病，乌药一味，磨水灌之，即愈。《花镜》

小猫叫不绝声，陈皮研末，涂鼻端即止。《古今秘苑》

猫得了狂犬病，把乌药磨碎用水冲泡着灌下去，就会痊愈。

小猫叫声不断，用陈皮研磨成粉末，涂在鼻子尖上，就会止息。

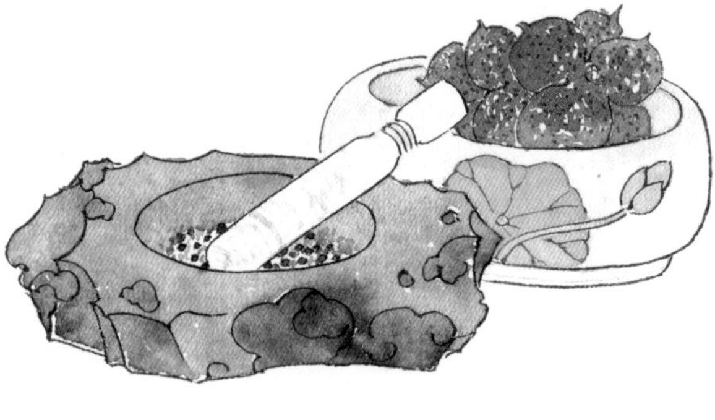

名物

原

猫被人踏伤，苏木煎汤灌之，可疗。《花镜》

猫癞，用蜈蚣焙干，研末与食，数次即愈。又法，桃叶捣烂，遍擦其毛，少顷洗去，又擦，自愈。治狗癞亦可。《行厨集》

译

猫被人踩伤，用苏木熬汤给猫喝，可以治疗。

猫得了麻风病，把蜈蚣烘干，研磨成粉末给猫吃，几次之后就会痊愈。另一个法子：把桃树叶捣烂，擦在猫的毛皮上，过会儿洗干净再擦，猫就会自己痊愈。这个方法也可以治得了麻风病的狗。

注

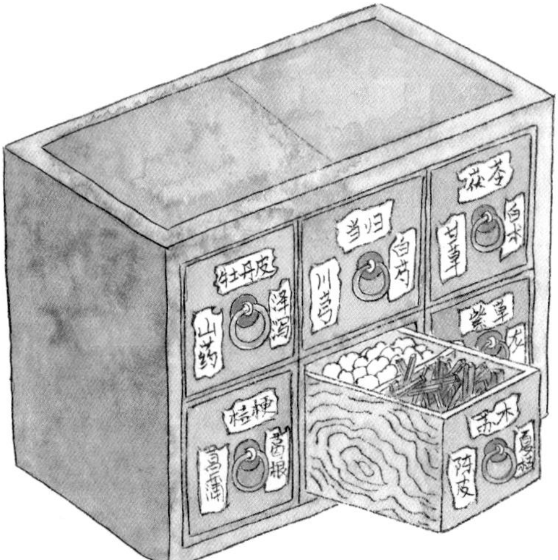
牡丹皮
泽泻
山药
当归
白芍
川芎
茯苓
白术
甘草
紫草
桔梗
葛根
菖蒲
陈皮

原

猫生虱，桃叶与楝树根捣烂，热汤泡洗，虱皆死，樟脑末擦之亦可。《行厨集》

译

猫长了虱子，把桃树叶和楝树根捣烂，用热水泡着给猫洗澡，虱子就会死干净。用樟脑的粉末擦也可以。

注

原 译 注

木猫，俗呼鼠猄。陈定宇有《木猫赋》。《通俗编》

汉按：陈赋云：『惟木猫之为器兮，非有取于象形。设机械以得鼠兮，借猫公而为名。』云云。

木猫，民间叫作『鼠猄』。陈定宇有篇《木猫赋》。

注：陈定宇的赋中说：『木猫只是作为工具，不是模仿猫的形状。制造机械是用来捉老鼠的，借用猫的名头而已。』

原 译 注

竹猫。

黄香铁待诏云：『《武林旧事》载小经纪，有竹猫儿，当是竹器，用以擒鼠者。又有猫窝、猫鱼、卖猫儿、改猫犬。猫窝当是猫所寝处者，今京师隆冬所著皮鞋，亦名猫儿窝。又崇祯初年，宫眷每绣兽头于鞋上，呼为猫头鞋，识者谓：「猫，旄也，兵象也。」见《崇祯宫词》。』

竹猫。

黄香铁待诏说：『根据《武林旧事》记载「小经纪」，有「竹猫儿」。应当是用来捉老鼠的竹器。还有猫窝、猫鱼、卖猫儿、改猫犬。猫窝应该是猫住的地方，现在京城冬天做的皮鞋，也叫作猫儿窝。崇祯初年，宫眷也把兽头绣在鞋子上，叫作猫头鞋，认识的人说：「猫，谐音是旄，是要动兵的象征。」见《崇祯宫词》记载。』

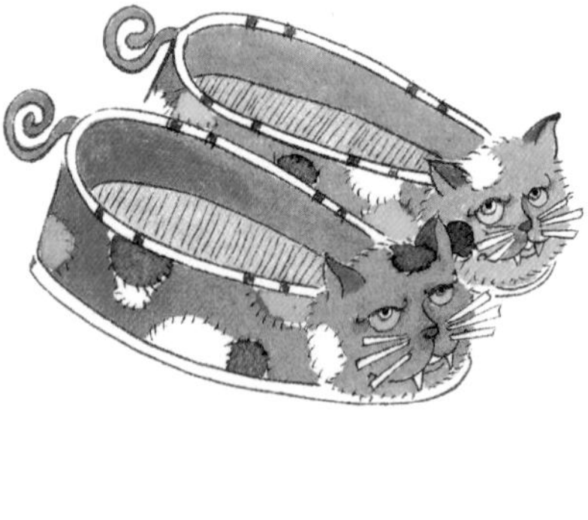

注 译 原

铁猫，船椗也，猫或作锚。焦竑《俗书刊误》

汉按：船椗，粤人呼为铁猫，盖猫亦猫类也。

又按：另铁猫三事，已类列上卷『灵异』门。

铁猫，是系船的铁锚，猫也写作锚。

注：船椗，粤人叫作『铁猫』，可能猫也是猫类。

注：另外关于铁猫的三件事，已经记载在上卷『灵异』篇中。

原 译 注

兽之属，有名水猫，即獭也。李元《蠕范》

动物里有一类叫『水猫』的，就是水獭。

原 译 注

虫之属，有名枣猫，生枣树上，枣熟则食之。《本草纲目》

虫子中有一种叫作『枣猫』的，生长在枣树上，枣子成熟了就吃枣子。

名物

原 译 注

道士李胜之，尝画《捕蝶猫儿图》以讥世。《陆放翁诗注》

汉按：陆放翁诗：『鱼餐虽薄真无愧，不向花间捕蝶忙。』又按《宣和画谱》载：李蔼之，华阴人，善画猫。今御府所藏有戏猫、雏猫及醉猫、小猫、虿猫等图，凡十有八，此李蔼之或即李胜之欤？而《宣和画谱》又载何尊师以画猫专门，尝谓猫似虎，独耳大眼黄不同。惜乎尊师不充之以为虎，止工于猫，殆寓此以游戏耶？又载：滕昌祐有《芙蓉猫儿图》。又王凝为鹦鹉及狮猫等图，不惟形象之似，亦兼取其富贵态度，盖自是一格。宋人又有《正午牡丹图》，不知谁画，见

道士李胜之曾经画了一幅《捕蝶猫儿图》，用来讥讽俗世。

注：陆游诗：『鱼餐虽薄真无愧，不向花间捕蝶忙。』又根据《宣和画谱》记载：李蔼之，华阴人，擅长画猫。现今御府收藏的戏猫、雏猫，及醉猫、小猫、虿猫等图，十幅有八幅是他画的。这个李蔼之，或者就是李胜之？而《宣和画谱》又记载：何尊师，专门画猫。曾经说猫像虎，只是耳朵大眼睛黄不同。可惜何尊师不继续画虎，只是擅长画猫，难道是以此为寄托作为游戏吗？又记载：滕昌祐，作有《芙蓉猫儿图》。以及王凝画鹦鹉、狮猫等画，不仅仅是形态相似，而且画出了它们高贵的姿态，自成一家。宋人有《正午牡丹图》，不知道是谁画的，见于《埤雅》。

《埤雅》。禹之鼎有《摹元大长公主抱白猫图》，今藏吴小亭秉权家。小亭云：『画中公主长身，其猫纯白如雪，惟眼赤色，近世所传。』又有《猫蝶图》，盖取髦耋之意，用以祝嘏耳。曾衍东有《自题画猫》云：『老夫亦有猫儿意，不敢人前叫一声』，若有戒于言也。曾，山东人，令湖北，嘉庆间缘事流戍温州。工诗画，自号七道士，又称曾七如。

明李孔修，字子长，顺德人，画猫绝工，公卿以笺素求之，辄不可得。尝负樵薪钱，画一猫与之，樵者怏怏，中途人争购之。已而樵者复以薪求画，笑而不应。《广东通志》

禹之鼎有一幅《摹元大长公主抱白猫图》，现在被收藏在吴小亭家。吴小亭说：『画中长公主身体瘦长，她的猫纯白如雪，只有眼睛是红色的是近代所流传的。』还有《猫蝶图》，大概是取耄耋的意思，用来祝寿。曾衍东有首《自题画猫》说：『老夫亦有猫儿意，不敢人前叫一声。』可能是告诫自己少说话。曾衍东，山东人，在湖北做官，嘉庆年间因事被流放戍守温州。擅长诗画，自号七道士，也称曾七如。

明朝的李孔修，字子长，顺德人。非常善于画猫，公卿大夫写信求画，还经常得不到。曾经画了一只猫作为给樵夫的工钱，樵夫怏怏不乐，半路上人们争相购买。后来，樵夫又用柴火求画，李孔修笑着拒绝了。

黄香铁待诏说：『何尊师擅长画猫，

黄香铁待诏云：『何尊师善画猫，所画有寝者，有觉者、展膊者、戏聚者，皆造于妙。其毛色张举，体态驯扰，尤可赏爱。』

胡笛湾知鹾云：『考《墨客挥犀》，欧阳公尝得一古画牡丹丛，其下有一猫，永叔未知其精妙。丞相正肃吴公一见曰：「此正午牡丹也。何以明之？其花枝哆而色燥，此日中时花也；猫眼黑暗如线，此正午猫眼也。有带露花，则房敛而色泽；猫眼早暮则晴远，正午则如一线耳。」此亦善求古人之意也。』

他画的猫有睡着的、醒着的、伸展四肢的、聚在一起嬉戏的，都造型巧妙，毛色舒展自然，体态温驯，尤其可爱。』

胡笛湾说：『考据《墨客挥犀》，欧阳修曾经得到一幅画着牡丹丛的古画，下面有只猫，欧阳修不知道其中的精妙。丞相吴正肃一见到就问：「这是正午的牡丹。怎么知道的呢？它的花枝颤抖，颜色干燥，这就是太阳在天空正中时的花。猫的黑色眼睛像一条线，这就是正午时猫的眼睛。带露水的花，花苞收敛颜色泽润。猫眼早晚时眼珠是圆的，正午时则是一条线。」这就是善于理解古人的意思。』

故事

原 译 注

人物相因缘，则事端生焉，万劫不磨，遂成掌故。猫之系于人事亦多矣。语云：『前事不忘』，君子取鉴于古，异闻足录，学者结绳于今。吾故用是孜孜焉。辑故事。

孔子鼓琴，闵子闻之，以告曾子：『向也夫子之音，清彻以和，今也更为幽之声，何感至斯乎？』入而问焉，孔子曰：『然。向见猫方捕鼠，欲其得之，故为之音也。』

《孔丛子》

人或者事物之间有了缘分，那么就会产生故事。经历过历代的传颂，就成了典故佳话。相较于人来说，猫的故事只多不少。有句话叫：『前事不忘』，君子从古代典籍里获取奇闻逸事的不少，当今的读书人在不断地记录新的传说故事，因此我不敢怠惰，写下故事这一节。

有一次孔子抚琴，闵子听到，把这件事告诉了曾子：『以前老师弹奏的琴声清澈动听，如今的声音更加幽深，为什么会这样呢？』他俩进去问孔子，孔子回答说：『是这样的，刚才见到猫正在抓老鼠，想要抓到它，不禁为此弹奏一曲。』

原 译 注

连山张大夫抟，好养猫，众色备有，皆自制佳名。每视事退至中门，数十头曳尾延颈盘接而入。常以绿纱为帷，聚猫于内以为戏，或谓抟是猫精。《南部新书》

连山有一位张抟大夫，喜好养猫，每种颜色的猫都有，而且每种颜色的猫都取了个好听的名字。每次事毕回到内堂，几十只猫就摇头摆尾，连贯着跑向他。张抟经常用绿纱做帷帐，和一众猫在里面玩耍，有人说张抟可能是猫精。

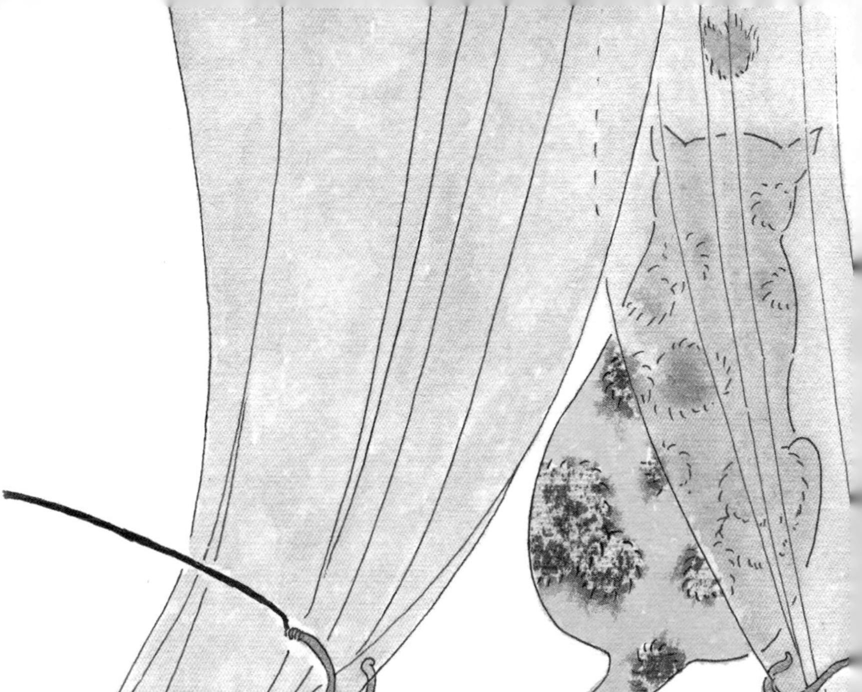

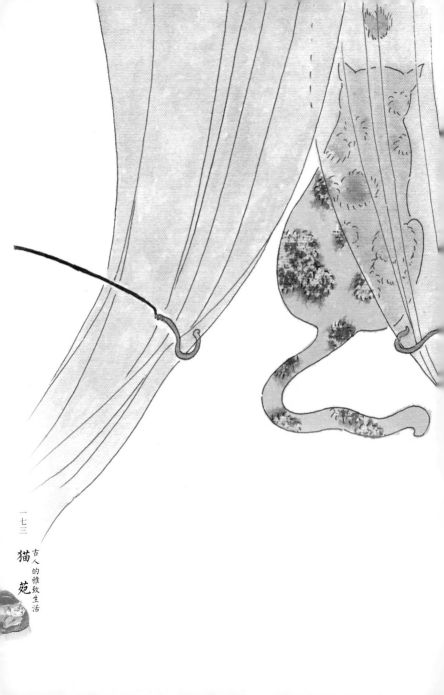

故事

原 译 注

武后有猫，使习与鹦鹉并处。出示百官，传观未遍，猫饥，搏鹦鹉食之，后大惭。

《唐书》

武则天有只猫，总是放着和鹦鹉一块养。后来显摆给百官看，还没等百官看完，猫饿了，就拿鹦鹉下饭。武则天大为惭愧。

原 译 注

武后杀王皇后及萧良娣，萧詈曰：『愿武为鼠我为猫，生生世世扼其喉！』后乃诏六宫毋畜猫。《旧唐书》

武则天杀王皇后和萧良娣。萧咒骂说：『希望老天把武则天变成老鼠，而我变成猫，生生世世掐着她脖子！』武则天于是下诏让六宫不准养猫。

原　译　注

猫别名天子妃，见《鹤林玉露》。盖萧妃被杀，临死有『我愿为猫武为鼠』之语，故有是称。梁绍壬《秋雨庵笔记》

猫，别名天子妃，参见《鹤林玉露》。大概是萧妃被杀，临死时说了『我愿为猫而武则天成老鼠』的话，所以有这个别称。

故事

原　译　注

卢枢为连州刺史，尝望月中庭，见七八白衣人曰：『今夕甚乐，但白老将至，奈何？』须臾，突入阴沟中，遂不见。后数日，罢郡归家，有猫名曰白老，于堂西阶地下，获鼠七八头。《稽神录》

卢枢做连州刺史的时候，曾在自家庭院里赏月。看到七八个白衣人在交谈：『今晚玩得很开心，但是白老快来了，怎么办？』一会儿，这七八个白衣人都窜到阴沟里去，消失不见了。几天后，卢下班回家的时候，有一只叫『白老』的猫在庭院西阶地下抓了七八只老鼠。

元和初，上都恶少李和子，常攘狗及猫食之。一日，遇紫衣吏二人追之，谓猫犬四百六十头论诉事。和子惊惧，邀入旗亭，以酒酬鬼，求为方便。二鬼曰：『君办钱四十万，为假三年命。』和子遽归货衣，具凿楮焚之，见二鬼挈其钱去。及三日，和子卒。鬼言三年，盖人间三日也。段成式《酉阳杂俎》

薛季昶梦猫伏卧堂限上，头向外，以问占者张猷。猷曰：『猫者爪牙也，伏门限者，阃外之事。君必知军马之要。』果除桂州都督，岭南招讨使。《朝野佥载》

贞元时，范阳卢顼家钱塘，有一妇人，不知何来，直指其婢小金所，自言姓朱，特来去。一日天寒，小金爇火，妇人至，怒踏其火即灭，并以手批小金。后数日，

大唐元和初年，长安有位恶少李和子，经常偷抓狗和猫来吃。有一天，李和子外出途中遭遇两位紫衣差使追拿，二人声称他吃掉的四百六十只猫狗在地府里告了他一状。李和子又惊又怕，请这两位鬼差下馆子喝酒行个方便。二鬼说：『你给我哥俩四十万钱，给你续三年的命。』李马上回家，砸锅卖铁凑齐了钱烧给了二位鬼差，看到两鬼拿钱离开后才心安。三天后，李和子却突然暴毙。原来鬼说的地府三年，就是人间的三天。

薛季昶有一次梦到猫伏卧在大堂的门槛上，头向外，后来拿这事问算命的张猷，张说：『猫象征爪牙，伏在门槛上，寓意边关之事。看来您马上就会出任边塞要职。』后来果然升任桂州都督、岭南招讨使。

大唐贞元年间，范阳人卢顼家居钱塘。有

妇人至，抱一物如狸状，尖嘴卷尾，纹斑如虎，谓小金曰：『何不食我猫儿？』复批之，云是野狸。唐张泌《尸媚传》

裴宽子谞，好诙谐，为河南尹。有妇人投状争猫儿，状云：『若是儿猫，即是儿猫；若不是儿猫，即不是儿猫。』谞大笑，判云：『儿猫不识主，傍我捉老鼠。两家不须争，将来与裴谞。』遂纳其猫，两家亦哂之。《开元传信记》

一天外面不知从哪里来了一位朱姓妇人，特地来请卢顼家里的婢女小金去她家里坐坐。某天天气很冷，小金烤火取暖，朱姓妇人来了，生气地踩熄了火，并打晕了小金。几天后，朱姓妇人抱着一狸猫状的动物来了，那动物尖嘴卷尾，长着老虎状的斑纹，妇人对小金说：『为什么不吃我的猫崽？』又打晕了小金，后来传说这妇人是野猫变的。

裴宽的儿子裴谞十分幽默，官居河南尹。有一位妇人递状子争夺猫崽。状词上说：『这猫崽如果是公猫，那就是你（尔）的猫；如果不是公猫，那就不是你的猫。』裴谞看后大笑，写上判词：『猫崽不识主，替我捉老鼠，两家不要争，将来给裴谞。』于是收下了这只猫，两家人也乐了。

故事

原　译　注

《稽神录》：建康有卖醋人某，畜一猫，甚佼健。辛亥岁六月，猫死，不忍弃，置之座侧，数日，腐且臭，不得已，携弃秦淮河。即入水，猫活，某自下水救之，遂溺死。而猫登岸，走金乌铺，吏获之，缚置铺中，出白官司，将以其猫为证。既还，则已断其索，啮壁而去矣，竟不复见。《太平广记》

《稽神录》上记载，建康有一位卖醋的人，养了只猫，身材十分矫健。辛亥年六月，猫死了，卖醋人不忍心抛弃，将它的尸体放在椅子旁边，几天后就腐烂发臭了。不得已只能扔到秦淮河里，没想到刚一入水，猫却活了，卖醋人赶紧下水救它，自己却淹死了。而猫登岸了，在乌金铺巡查的官吏抓到了这只猫，把它绑在了店子里，等到白天打官司时，将以猫为证据。不料等到回来时，这只猫竟然咬断绳索，咬破墙壁离开了，再也没人见过它。

原　译　注

《闻奇录》：进士归系，暑月，与一小孩儿于厅中寝。忽有一大猫叫，恐惊孩子，使仆以枕击之。猫偶中枕而毙，孩子应时作猫声，数日而殒。《太平广记》

《闻奇录》记载：某位士子高中进士后回家，六月天陪着孩子在厅里头睡觉。忽然有一只大猫叫，怕吓到了孩子，进士便让仆人用枕头扔它，猫被枕头砸死了，孩子顿时应声作猫叫，几天后便离了人世。

故事

原　译　注

平陵城中有一猫，常带金锁，有钱飞若蛱蝶，土人往往见之。《酉阳杂俎》

平陵城中有只猫，经常带着金锁，当地人常常见到金锁里的钱像蝴蝶一样飞。

原 译 注

龙朔元年，涪城鼠猫同处。鼠象窃盗，猫职捕鼠，反与同处，废职容奸。《新唐书五行志》，一本作濬州。

龙朔元年，涪城的猫和老鼠共处一城。老鼠本应是窃贼一样的动物，而猫的天职是去抓捕它们，然而猫与老鼠反而和平相处，荒废了自己的责任而包容奸佞。

原 译 注

陇右节度使朱泚，于军士赵贵家，得猫鼠同乳不相害，笼而献之。宰相常衮率群臣贺，崔祐甫曰：『可吊不可贺。』因献《猫鼠议》。《唐书·代宗纪》。

汉按：崔祐甫《猫鼠议》曰：『《礼记·郊特牲篇》曰：「迎猫，为其食田鼠也。」猫之食鼠，载在《礼经》，以其除害利人，虽微必录。今此猫对鼠不食，仁则仁矣，无乃失其性乎？何异法吏不触邪、疆吏不捍敌，以若称庆，殆所未详。恐须申命宪司，察听贪吏，戒诸边堠，毋失儆巡。猫能致功，鼠不为害。』

陇右节度使朱泚到军士赵贵的家里，发现了猫和老鼠一起喂养的现象，于是把它们装起来献给了朝廷。宰相常衮认为这是好事，率群臣向皇帝贺喜，崔祐甫却说：『这本是件坏事，怎么还能道喜呢？』于是写了篇《猫鼠议》献给朝廷。

注：崔祐甫《猫鼠议》提道：『《礼记·郊特牲篇》记载，养猫本来就是用来抓老鼠的。猫吃老鼠这种小事记载在《礼经》这种经典上，就是因为猫除害利人，虽然微小但必定记录下来。如今连猫都不吃老鼠了，仁慈是仁慈，但却丧失了天性呀！这和官员不作为，将领不抗击敌军有何区别？若是以这种事来庆贺，实在是悲哀。恐怕我们需要明法正典，整顿吏治，告诫边关军务，不能失察。使猫能发挥功效，鼠不能为害。』

原 译 注

《闻奇录》：李昭嘏当应进士试之先，主司昼寝，见一卷在枕前，乃昭嘏名，令送还架上，复寝。有一大鼠衔嘏卷送枕前，如此再三。来春嘏遂获及第。因询之，乃知其家三世不养猫，盖鼠报也。《太平广记》

《闻奇录》记载：李昭嘏去参加进士考试前，主考官白天休息，看见有一卷答卷在枕头旁边，答卷上是李昭嘏的名字，于是令人放还到原处，继续睡。后来有一只大老鼠叼着李昭嘏的试卷送到考官枕头前，反复三次。来年春天，李昭嘏果然中了进士。后来询问才知道，李昭嘏家里三代不养猫，所以老鼠来报恩了。

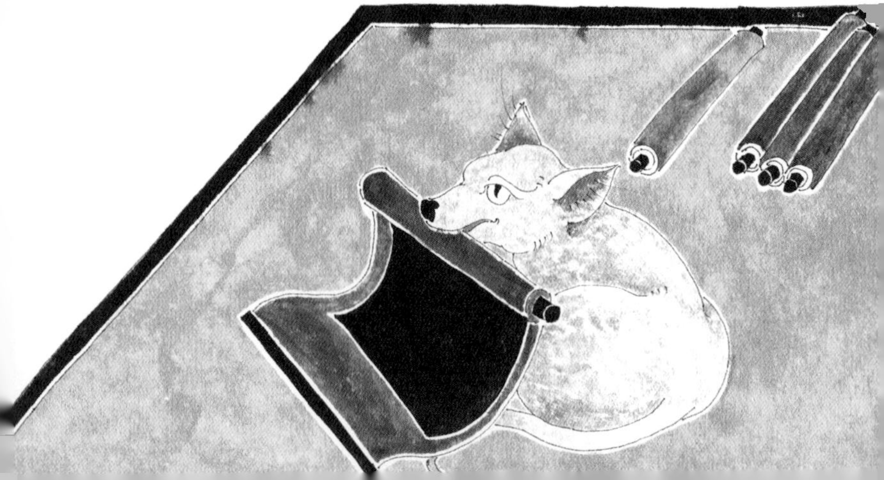

原 译 注

宝应中，有李氏子，家于洛阳，其世以不杀，故家未尝畜猫，所以宥鼠之死也。迨其孙，亦能世祖父意。尝一日，李氏大集其亲友，会食于堂，既坐而门外有数百鼠俱人立，以前足相鼓如欣喜状。家人惊异，告于李氏，亲友乃空其堂纵观之。人去尽，堂忽摧圮，其家无一伤者。堂既摧，鼠亦去。悲夫，鼠固微物也，尚能识恩而知报如此，而况人乎？《宣室志》

宝应年间，洛阳有一位李姓人家，家里世代不喜杀生，所以不曾养猫，也不曾死过老鼠。家里世代遵循祖辈意志，不曾改变。有一天，主家人李氏邀请了大量的亲友在家里吃饭，刚坐下发现有几百只老鼠如人般站立在门外，用前足拍着巴掌像是在贺喜。家里人惊呆了，跑进来告诉李氏，于是宾客纷纷跑出去看。等到人都走光了，内堂却忽然倒塌，一屋子人无一伤者。内堂倒塌完后，老鼠们就散了。可悲呀，连老鼠这种微不足道的小动物都知道报恩，更何况人呢？

原 译 注

永州有人以生平值子，鼠为子神，因爱鼠不畜猫，仓廪庖厨，悉以恣鼠不问。由是室内无完器，椸无完衣。《柳宗元文集》

李义府柔而害命，人称李猫。《唐书》

华润庭云：『李猫，《韵府》作人猫。』

永州有户人家，因为自己生肖是鼠，而老鼠又是鼠年的神，因此特别爱鼠而不养猫。于是家里的仓库、衣柜、厨房都让老鼠肆意横行。于是家里没一件齐全物件，衣柜里的衣服也都被啃得破烂。

李义府，表面柔和，实则凶残害命，人送外号『李猫』。

华润庭说：『李猫，《韵府》也写作人猫。』

故事

原

李回秀所居，犬乳邻猫，中宗以为孝感，旌其门。《白孔六贴》

译

李回秀的住所，有一只母狗用自身的乳汁喂养小猫，唐中宗认为这是孝感动天，于是下令嘉奖他们家。

注

注 译 原

余在辇毂，见揭小榜曰：『虞大博宅失一猫，色白，名雪姑。』

《清异录》

我有一次在马车上，看到在贴告示，说：『虞大博家里丢了一只白色的猫，名叫雪姑。』

原 译 注

江南李后主子岐王，方六岁，戏佛前，有大琉璃瓶为猫所触，剨然坠地，因惊得病而死，诏徐铉为志。其弟锴谓铉曰：『此文虽不必引猫事，但故实颇记否？』铉疏二十事，锴曰：『适已忆七十余事。』铉曰：『楚金大能记忆。』明旦，又言夜来复得数事。邵思《野说》

居士李巍，求道雪窦山中，畦蔬自供。有问巍曰：『日进何味？』答曰：『炼鹤一羹，醉猫三瓶。』《清异录》

郭忠恕，逢人无贵贱，但口称猫。苏东坡《郭忠恕画赞》

江南李后主的儿子岐王，六岁的时候在佛像前玩耍，有一只大琉璃瓶被猫触碰，砰然碎地，岐王因惊吓得病死了。后主招来徐铉给岐王写志，他弟弟徐锴说：『志里面如果不写猫的事，还能写哪些事呢吗？』徐铉列出了岐王的二十件生平事。徐锴说：『我之前已经罗列出了七十多件事了。』徐铉又说：『他的一些事情我大多都能回忆起来。』第二天早上又说，他昨晚上又想起几件事来。

李巍居士在雪窦山中求仙问道，自给自足。有人问李巍说：『你每天吃什么？』李回答说：『每天吃一碗炼鹤羹，三瓶醉猫。』

郭忠恕这个人，不管碰到谁，都喜欢聊猫。

注：陆游、汪钝翁、葛翼甫等人的诗文里都提到过像郭忠恕一样。这件事宋芷湾的诗里提到过。王笠舫《衍梅诗》写过：『藤墩叉手懒称猫。』的诗句。

汉按：陆游诗：『偶尔作官羞问马，颓然对客但称猫。』汪钝翁诗：『呼我不妨频应马，逢人何敢遽称猫。』见葛翼甫《梦航杂说》。放翁又有『彩猫糕上菊初黄』之句，时亦呼猫如恕，见今宋芷湾诗。王笠舫《衍梅诗》：『藤墩又手懒称猫。』见《绿雪堂诗集》。

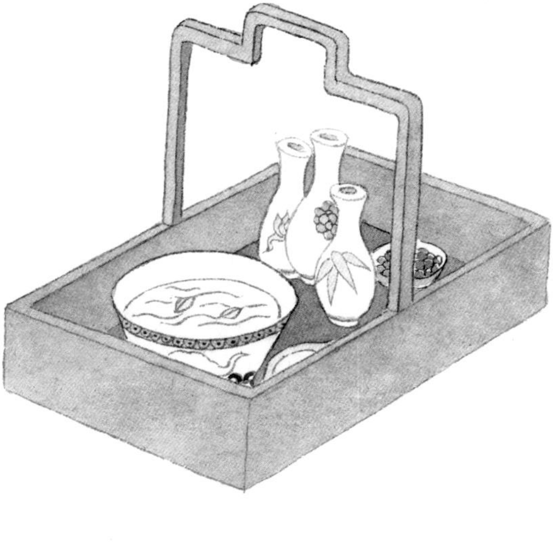

注 译 原

龚晃仲自言，其祖纪，与族人同应进士举，其家众妖竞作，乃招女巫徐姥治之。有一猫卧炉侧，家人指谓巫曰：『吾家百物皆为异，不为异者，独此猫耳！』于是，猫亦人立，拱手而言曰：『小的不敢！』姥大惊。数日，二人捷音并至。《续墨客挥犀》

苏东坡奏疏云：『养猫以捕鼠，不以无鼠而养不捕之猫。余谓不捕鼠犹可也，不捕鼠而捕鸡则甚矣。疾视正人，必欲尽击之，非捕鸡乎？』《鹤林玉露》

龚晃仲曾说过：他的祖父龚纪和族人一起去考举人。赶上这阵子家里老是出怪事，于是请了个女巫徐姥来做法。家里有一只猫趴在炉边，家里人指着这只猫和巫女说：『我家里其他东西都怪，就这只猫还算正常！』说完之后，猫居然站起作人状，拱手说道：『小的不敢。』于是巫女大惊，几天后，祖父和族人中举的捷报就传来了。

苏轼曾经上奏道：『养猫是用来抓老鼠的，如果家里没有老鼠就不需要养不抓老鼠的猫，我想着不抓老鼠还可以接受，要是偷吃家里的鸡就过分了。就好比正直之人，欲全部铲除，不是和猫捕鸡一样吗？』

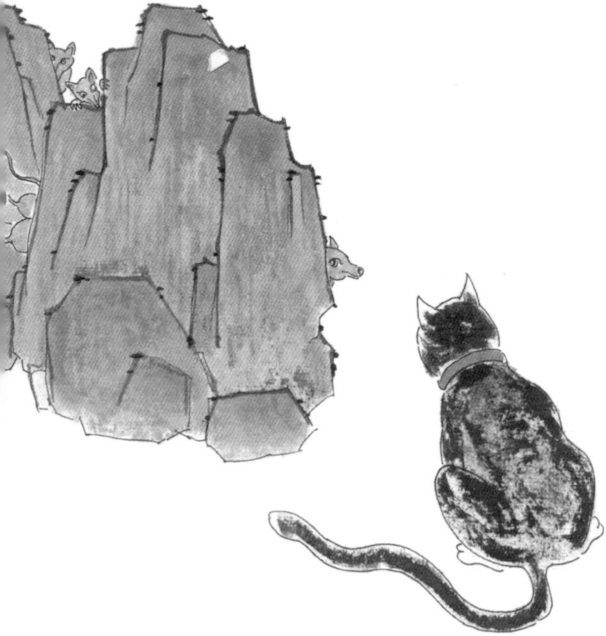

原 译 注

庆元中，鄱阳民家有一猫带数十鼠，行止食息皆同，如母子相哺。

《文献通考》

庆元年间，鄱阳百姓有一户人家里养了一只猫，这只猫却哺育着几十只老鼠，吃住同行，就像母子一般！

故事

原

前朝大内猫狗，皆有官名食俸；中贵养者，常呼猫为老爷。（宋牧仲《筠廊偶笔》）

译

明朝宫中的猫狗，都是有官名且拿俸禄的，其中的娇贵者，被人们称作猫老爷。

注

原 译 注

临安北内外西巷，有卖熟肉翁孙三，每出，必戒其妻曰：『照管猫儿，都城并无此种，莫令外人闻见。或被窃去，绝吾命矣。我老无子，此与我子无异也。』日日申言不已，乡里数闻其语，心窃异之，觅一见不可得。一日，忽拽索出，到门，妻急抢回。其猫干红色，尾足毛发尽然，见者无不骇异。孙三归，责妻漫藏，棰詈交至。已而浸淫于内侍之耳，即遣人啖以厚值，孙峻拒，内侍求之甚力，反覆数回，仅许一见。既见，益不忍释，竟以钱三百千取去。孙流泪，复棰其妻，竟日嗟怅。内侍得猫喜极，欲调驯然后进御。已而色泽渐淡，及半月

临安城内，外西巷有个卖熟肉的老头，名叫孙三。孙三每天出门前，一定再三叮咛他老婆说：『好好照管我那只猫儿，全京城找不出这种品种，千万不要让外人看见，否则被人偷走，那我也不想活了。我年纪大了，又没有儿子，这猫儿就如同我的儿子。』孙三每天都对老婆说这番话，邻居们也都知道，久而久之，不觉引起人们的好奇心，想看一看那猫的长相，可是总是见不到。一天，猫儿忽然挣脱锁链跑到门外，孙三的老婆急忙将猫儿抱回屋内。那猫儿一身火红，尾巴脚爪毛发全部都是红色的，看见猫儿的人，都惊骇异常。孙三知道后，责怪老婆没有看好猫，对老婆打骂交加。不久这事就传到一个宦官的耳中，宦官立即派人带着贵重的礼物来拜访孙三，希望孙三割爱，孙三一口拒绝。宦

全成白猫。走访孙氏，已徙居矣。盖用染马缨法，积日为伪。前之告戒棰怒，悉奸计也。《智囊补》

弘治元年，潮阳县举人萧瓒家，牝犬乳猫，夜则同宿，一如其子。时瓒兄弟七人友爱，故有此征，人以为和气所感。《潮州府志》

宦求猫之心更是急切，数次拜访孙三，孙三只答应让宦官看看猫。宦官见了猫之后，爱不释手，竟然用三十万钱买下。孙三卖了猫儿后，流着泪对老婆又打又骂，整天唉声叹气。宦官得到猫后非常得意，想将猫儿调教温驯后再进献给皇帝。但不久之后，猫儿的毛色愈来愈淡，才半个月，竟变成白猫。宦官再度前去孙三家，孙三早已搬走了。原来孙三是用染马缨的方法，积年累月作假。而那些叮咛责打全是骗人的障眼法。

弘治元年潮阳县举人萧瓒，他家里的母狗在哺乳小猫，夜里一同睡觉，将小猫当自己孩子一样养。当时萧氏兄弟七人团结友爱，所以才会有这种现象，可能是被他们家庭和睦之风所感染吧。

原　译　注

万历间，宫中有鼠大与猫等，为害甚剧。遍求佳猫，辄被啖食。适异国贡狮猫，毛白如雪。抱投鼠屋，阖其扉，潜窥之。猫蹲良久，鼠逡巡自穴中出，见猫怒奔之，猫避登几上，鼠亦登，猫则跃下，如此往复，不啻百次，众咸谓猫怯。既而鼠跳踯渐迟，蹲地少休。猫即疾下，爪掬顶毛，口龁首领，辗转争持间，猫声呜呜，鼠声啾啾，启扉急视，则鼠首已嚼碎矣。然后知猫之避，非怯也，待其惰也。

明万历年间，皇宫中有老鼠，大小和猫差不多，危害极为严重。皇家遍求好猫捕捉老鼠，都被老鼠吃掉了。恰好有外国进贡来的狮猫，浑身毛色雪白。内侍把狮猫投入有老鼠的屋子，关上窗户，偷偷观察。猫蹲在地上很长时间，老鼠从洞中出来巡视，见到猫之后愤怒奔跑。猫避开跳到桌子上，老鼠也跳上桌子，猫就跳下来。如此往复，不少于一百次。大家都说猫胆怯。老鼠蹲地跳跃动作渐渐迟缓，蹲在地上稍作休息。猫立即快速跳下桌子，爪子抓住老鼠头顶毛，口咬住老鼠脖子，辗转争斗间，猫呜呜地叫，老鼠啾啾地呻吟，大家急忙打开窗户查看，老鼠脑袋已经嚼碎了。大家这才明白，狮猫开始时躲避大鼠，并不是害怕，而是等待它疲乏松懈啊！敌人出击我便退回，敌人退下我又出来，狮猫使用的就是这种智谋呀。

彼出则归，彼归则复，用此智耳。《聊斋志异》

盐城令张云，在任养一猫，甚喜。及行取御史，带之同行。至一察院，素多鬼魅，人不敢入，云必进宿。夜二鼓，有白衣人向张求宿，被猫一口咬死。视之，乃一白鼠，怪遂绝。《坚瓠集》

盐城的张县令曾讲：『我养过一只猫，甚是喜爱，有一次去接御史上任的时候，带它同去。到一察院的时候，传说里面闹鬼，人们都不敢进去，我必须进去留宿。到了二更天的时候，有一位白衣人向我求宿，被我的猫一口咬死，仔细一看，是一只白鼠，于是这里再没闹过鬼。』

原 译 注

陆墓一民负官租，空室出避，家独一猫，催租者持去，卖于阊门徽铺，徽客颇爱玩之。已年余，民过其地，人丛杂中，猫忽跃入其怀，为铺中见，夺之而去；猫辄悲鸣，顾视不已。民夜卧舟中，闻板上有声，视之，猫也。口衔一绫帨，内有银五两余。民贫甚，得银大喜。明晨，见有卖鱼者，买鱼饲之，饲不已，猫遂伤腹死，民哀而埋之。《坚瓠集》

陈笙陔云：『杭州城内金某素贫，其家所养猫一日忽衔龙凤钗一对来，明珠满缀。价值千余缗，以作本贸边，家道日盛，十

陆墓有一户百姓欠了官府租税，于是外出逃税，家里仅剩下一只猫，就被催租者拿走卖给了苏州城门处的徽商，徽商非常喜欢这只猫。这事过去一年之后，逃税人路过此地，人群之中突然有一只猫钻进了他的怀里，被徽商看见又夺了回去。猫于是悲鸣哀号，不住地往回看。晚上此人睡在船上，忽然听见船板上有声音，定睛一看原来是自己的猫，嘴巴里还叼着一条丝巾，里面有五两多银子，此人甚穷，得银大喜。第二天早上看到有卖鱼的，于是买了一条鱼来犒赏猫，还没等它吃完，猫便伤腹而死，主人十分伤心地把它埋了。

陈笙陔说：『杭州城内有一户姓金的人很穷，他家的猫有一天突然叼了一对龙凤钗

余年间，竟成巨富。其老母爱惜此猫，无殊珍宝，另建一楼及床帐居之。凡有携猫求售，必如值收买，积数百头，喂养婢仆亦数人。猫有死者，皆家而瘗之，至今不衰。此乾隆季年间事，杭人盖无不知者。』

嘉庆乙卯，台州太平县船户丁姓，泊舟沙头，因猫失水，下沙救之，脚踏一物。检之，则一小木匣，有银百余两，而猫竟淹毙焉。汉自记

汉按：猫献金宝，使主人发家，虽猫之义，亦由主人有

回来。钗上镶满了珠宝，价值千余缗。金某用来作本钱去边境做生意，家道日益昌盛。十余年下来，竟然成了巨富。他的老母亲十分疼惜这只猫，因此专门修了一栋楼，无数珍宝供其享用，还有床帐供它居住。凡是有人带着猫求售的，老太太都买了下来，如此积攒了数百只猫，便专门派了几个仆人去喂养它们。一旦有猫死了，都会精心安葬，至今家道不衰。这是乾隆年间的事，杭州无人不知。』

嘉庆乙卯年，台州太平县有一位丁姓的船户。有一次把船停泊沙头时，猫不小心掉进了水里，丁某急忙下去营救，突然脚在水里踩到一物。捡起来一看，是一小

德以应之。但陆墓之猫，享报未久，辄以伤食而亡，以视金姓猫，福禄相去何如。然而两家之报德酬庸，可谓不遗余力；若船户之猫，真不幸矣。

木匣，里面有百余两银子，但是猫却淹死了。黄汉自记。

注：猫献金宝，使主人发家，虽然显现了猫的大义，也因为主人有德行去回报它。但是陆墓那只猫，还没怎么享福，就吃坏肚子死了，相比之下再看看金姓人家里的猫，相差天壤之别！但是这两只猫的主人都是尽自己所能去回报自己的猫；而那船户家里的猫，只能说非常不幸了。

原 译 注

毕怡安小姨子爱猫。一日，席上行酒令传花，以猫叫声饮酒为度。每巡至怡安，猫必叫，怡安不胜酒创，疑甚。察之，则知小姨子故戏弄之，凡花传至怡安，辄暗掐猫一指使叫云。《聊斋志异》

金陵闾右子，荡覆先业，不胜逋责，决意自尽。一日，市酒肴与妻示诀，夫妻对泣，不忍饮食，遂相与缢焉。家有猫，哀鸣踯躅，其肴在案不顾也，数日不食死。《弈贤编》

有李侍郎，从苗疆携一苗婆归，年久老病，常伏卧。尝养一猫，酷爱之，眠食必共。其时里中传有夜星子之怪，迷惑小儿，得惊痼之疾，远近惶惶。一日，有巫姑云，能治之，乃制桃弓

毕怡安的小姨子喜欢养猫。有一天，宴席上一起玩行酒令击鼓传花，约定以猫叫声为令。每次传到毕怡安的时候猫总是叫，毕怡安不胜酒力，因此感到很疑惑。暗中观察后才发现是小姨子在暗中使坏，每次花传到自己的时候，小姨子总会暗中掐一下猫，使得猫大叫。

金陵有一个叫闾右子的人，败坏了祖辈的产业，心里不甚自责，于是决定自杀。这天，闾右子摆了一桌酒菜与妻子诀别，夫妻俩泣不成声，不忍吃饭，便一起上吊自杀了。他家里有只猫，伤心徘徊，不顾桌上的饭菜，几天后绝食而死。

有一位李侍郎，从苗疆带回一位老苗婆。这位大娘年老体衰，经常卧病在床。她曾经养过一只猫，非常宠爱它，带它同

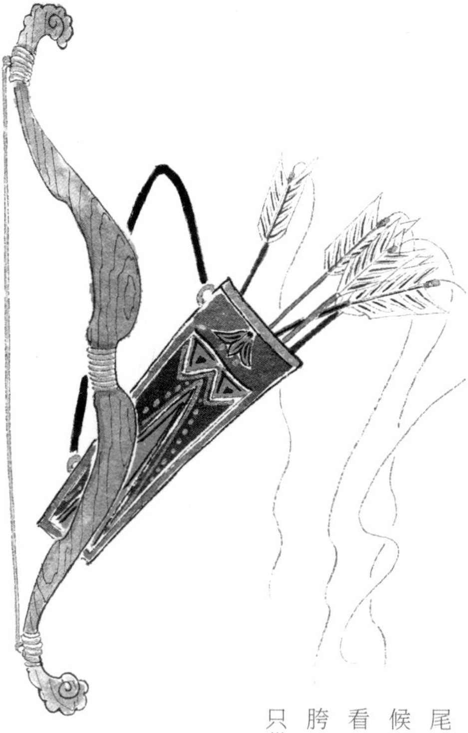

柳箭，系以长丝，伺夜星子乘骑过，辄射焉。丝随箭去，遣人迹之，正落某侍郎家。忽婢子报老苗婆背上中箭，视之，已懵然，而所畜之猫尚伏跨下，然后知老苗婆挟术为祟，而常以猫为坐骑也。《夜谭随录》

吃同睡。恰巧最近一阵子附近在闹叫『夜星子』的怪物，总在夜晚出来迷惑小孩，被迷惑的孩子都会害病，一时间远近人心惶惶。一天，有人请了位巫女来惩治夜星子，只见她拿了副桃弓柳箭，在箭尾系上长丝，等到夜星子跑过去的时候，伺机射之。丝线跟着箭头飞奔，然后巫女派遣人沿着线尾去追踪，正落到了侍郎家里。忽然这时候婢女来报告说老苗婆背上中箭，再一细看，大娘已经昏过去了，而她养的猫还在胯下，于是便知道老苗婆会邪术，靠着这只猫为坐骑，四处行凶。

故事

原 译 注

江宁王御史父某，有老妾，年七十余，畜十三猫，爱如儿子，各有乳名，呼之即至。乾隆己酉，老奶奶亡，十三猫绕棺哀鸣。喂以鱼飧，流泪不食，饿三日，竟同死。《子不语》

江宁王御史的父亲，有一位老妾，已经七十多岁了，养了十三只猫，爱其如子，还各给它们取了乳名，呼之即来。乾隆己酉年，老奶奶过世，十三只猫绕着她的棺材哀鸣，泪流不止，喂鱼给它们都不吃，绝食三天后，竟然一起死了。

注 译 原

沂州多虎，陕人焦奇寓于沂，素神勇，入山遇虎，辄手格毙之。有钦其勇，设筵款之，焦乃自述其生平缚虎状，意气自豪。倏一猫登筵攫食，主人曰：『邻家孽畜，可厌乃尔！』无何猫又来，焦急起奋拳击之，肴核尽倾碎，而猫已跃伏窗隅。焦怒，逐击之，窗棂亦裂，猫一跃登屋角，目眈眈视焦。焦愈怒，张臂作擒缚状，而猫嗥然一声，过邻墙而去。主人抚掌笑，焦大惭而退。夫能缚虎而不能缚猫，岂真大敌勇、小敌怯哉。《谐铎》

沂州地区多虎，陕西人焦奇有一阵子住在沂州。他素来神勇，到山里碰到老虎，就徒手搏斗使之毙命。有人赞赏他的勇猛，设宴款待他，焦奇就和别人讲述自己与老虎搏斗的样子，意气风发。这时候突然有只猫跳到宴席上面吃东西。主人大怒道：『隔壁的畜生，真是烦人！』无奈猫又来了。焦奇奋起一拳击之，满桌的菜肴都被打碎了，但猫却一下子跃伏于窗上。焦奇大怒，追着它打，于是窗户也裂了。猫一下跳上围墙，虎视眈眈地看着焦奇，焦奇更生气了，张开臂膀便要来抓它，可是猫却怪叫一声，越过围墙跑了。主人拊掌大笑，焦奇灰溜溜地走了。唉，有搏虎之力却不能擒住一只小猫，真是对大敌勇猛而对小敌怯懦呀！

故事

原 译 注

一家有巨鼠为害，诸猫皆为所毙。后西贾持一猫至，索五十金，包可除鼠。因买置仓中。鼠至，猫匿身于穀，仅露其首。鼠过其前，初若不见者，俟鼠稍倦，乃突出衔之，互相持日许，鼠竟毙焉，猫亦力尽而死。称鼠重三十觔。《新齐谐》

有一户人家有巨型老鼠为害，并且去抓它的猫都被它弄死了。后来西贾拿着一只猫过去推销，索要五十金，号称猫到鼠除，由此便买了放到仓库里面。老鼠到后，猫藏身于谷物里，仅露个头出来。老鼠经过的时候，猫开始装没看到它，等到老鼠稍疲倦，猫突然窜出来咬它。相互对峙一天后，老鼠竟然死了，猫也力竭而死。后来一称死鼠竟有三十斤重。

原 译 注

闽中某夫人，喜食猫，得猫则先贮石灰于罂，投猫于内，而灌以沸汤。猫以灰气所蚀，毛尽脱，不烦挦治，血尽归于脏腑，肉白莹如玉，云味胜鸡雏十倍也。日日张网设机，所捕杀无算。后夫人病危，呦呦作猫声，越十余日乃死。《阅微草堂笔记》

福建有位夫人喜欢吃猫肉，每当得到猫的时候先把石灰放在罐子中，然后把猫投进去，用滚烫的热水浇灌。猫被石灰水腐蚀，猫的皮毛就会自动脱落，不劳烦人再来处理，它的血就会缩进脏腑，而肉色会晶莹如白玉，有人说味道胜雏鸡十倍。这位夫人每天想尽心思设下地笼网套抓猫，被她捕杀的猫不计其数。后来夫人病危，整日里哼哼如猫叫，过了十多天后就一命呜呼了。

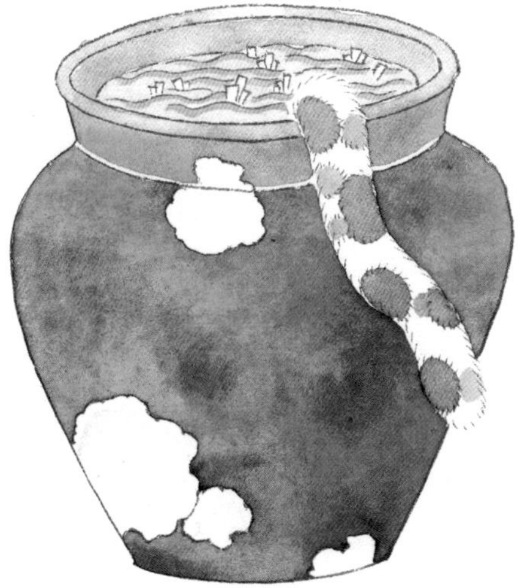

故事

原 译 注

邹泰和学士，有爱猫之癖，每宴客，召猫与孙侧坐，赐孙肉一片，必赐猫一片。督学河南，按临商邱，失一猫，严檄督县捕寻。令苦其烦，则以印文覆之，有云：『遣役挨民户搜查，宪猫无获。』《随园诗话》

汉按：古今名贤有猫癖者多矣，若昔之张大夫、今之邹学士之好猫，则尤酷尔。近年玉环厅某司马，有八猫，皆纯白色，号八白。常用紫竹稀眼柜笼之，分四层，每层居二猫，行动不分远近，必携以从，此亦可谓酷于好矣。

邹泰和学士有爱猫的癖好，每次招待宾客的时候就会把孙子和猫招来身边坐。给孙子一块肉的时候，必定会赏给猫一块。邹督学河南时，刚到商丘丢了一只猫，要求手下立刻巡查。县令没办法，只能发令追查。后来听人说，县令差遣衙役挨家挨户搜查民宅，还是没找到他的那只猫。

注：古今的名人有太多猫癖者了。像之前的张大夫，如今的邹学士，则尤其爱猫。最近几年据说玉环厅的某位司马大人，家里有八只猫，都是纯白色，号称『八白』。他经常把这些猫放到紫竹稀眼柜笼里，分成四层，每层放两只猫。不管远近，都把他们带上，可以说非常喜欢了。

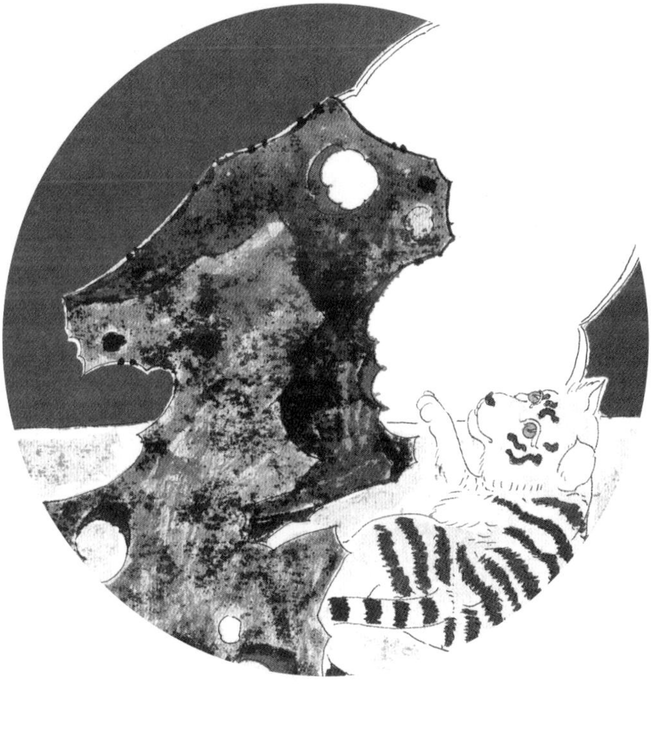

原 译 注

合肥龚芝麓宗伯所宠顾夫人，名媚，性爱狸奴。有字乌员者，日于花栏绣榻间徘徊扶玩，珍重之意，踰于掌珠。饲以精餐嘉鱼，过餍而毙。夫人惋悒累日，至于辍膳。宗伯特以沉香斲棺瘗之，延十二女僧，建道场三昼夜。钮玉樵《觚剩》

江西崇仁县沈公侧室，尝养猫数十只，各色咸备，系以小铃。群猫聚戏，则琅琅有声。每日，有猫料一分开销。沈公，嘉庆拔贡，名棠。

刘庚卿先生华杲云：『俞青士之母好猫，常畜百余只，雇一老妪专事喂养。闺房之内，枕边几上，镜台衣桁之间，无处非猫也。青士暨其尊公之幕囊宦囊，每岁为猫料所销，诚不少也。』

吴云帆太守云：『高太夫人，系颖

合肥龚芝麓有一位宗伯，他所宠爱的顾夫人，名叫顾媚。这位顾夫人生性爱猫，有只猫叫乌员，夫人每天都带着它，不管是花园亭栏，还是床帐秀榻都不舍得离开它，看得比掌中明珠还珍贵。每餐都以精餐好鱼喂养，这只猫后来受惊吓而死。夫人伤心不已，一连好几餐都吃不下饭。宗伯后来还特意用上等的沉香木给它造了一副棺材，请了十二位僧尼，给它做了三天三夜的法事。

江西崇仁县有一位沈公的侧室，曾经养过几十只猫，各种颜色的都有，然后给它们都系上小铃铛。每天它们聚在一起玩耍时，总会发出悦耳的琳琅声，因此每天都有一笔猫饲料的开销。沈公，是嘉庆的拔贡，名叫棠。

刘庚卿先生（华杲）说：『俞青士的母亲爱猫，曾养过一百多只猫，专门顾了一位老妪喂养。无论是闺房内、枕头边还是衣柜镜台旁，到处都楼先生正室，小楼观察之母也。为浙中闺秀，颇好猫，尝搜猫典，著有《衔蝉小录》，行于世。』夫人名荪薏，字秀芬，会稽孙姓，著有《贻砚斋诗集》。

汉按：猫之贻爱于闺阁者有如此，以视前篇所载李中丞、孙闽督两闺媛之所好，尤为奇僻。然终不若高太夫人之好，且为著书以传，斯真清雅。惜此《衔蝉小录》一时觅购弗获，无从采厥绪余，光我陋简。孙子然云：『夫人有咏猫句云：「一生惟恶鼠，每饭不忘鱼。」』子然，名伸安，夫人族弟。

是猫。俞青士不过是某公的一个幕僚，每年花在猫身上的开销真是也不少啊。』

吴云帆太守说：『高太夫人是颖楼先生的正房、小楼观察的母亲。夫人是浙江的名门闺秀，非常喜欢猫，阅遍有关猫的典籍，然后写了一本《衔蝉小录》，流传至今。』夫人名叫荪薏，字秀芬，会稽孙姓人家，著有《贻砚斋诗集》。

注：闺房中的女子们对于猫的爱确实很多都是这样的。看之前的例子诸如李中丞、孙闽督、两闺媛的爱好尤为奇特，然而终究比不过高太夫人，还写书传世，实在是高雅到极致了。只可惜这本《衔蝉小录》我一时还没买到，也无法采集其他资料，以充实陋室。孙子然告诉我：『这位夫人有一句咏猫的诗句说：「一生惟恶鼠，每饭不忘鱼。」』子然，名伸安，是夫人的族弟。

品藻

原　译　注

蠢动杂生之中，有一物能得名贤叹赏，词人题咏，则其为生也荣矣。然非有德性异能，岂易致哉。古今来品题文藻，旁及猫者匪少，盖猫固有德性异能也。有修获此，乌得不为猫荣。辑品藻。

《诗经》：有猫有虎。

《庄子》：独不见夫猫狌乎？卑身而伏，以俟遨者，原注：遨，遨游也。东西跳梁，不避高下。《渊鉴类函》

又：骐骥骅骝，一日千里，捕鼠不如狸狌，言殊技也。

《尹文子》：使牛捕鼠，不如狸狌之捷。

世间的生物，能够得到圣贤名人、文人墨客的题词赞赏而流芳百世的，大概是无上的荣耀了。但是没有德行品性异能，

哪有那么容易得到呢？古今品题文词的内容，关于猫的不少。大概猫是品德异能的动物了。能够有这种成绩，怎么能不为猫骄傲呢？因此编纂品藻一章。

《诗经》上提到过：『有猫有虎。』

《庄子》提道：『你没有看到狸猫这种动物吗？低伏着身子，伺机而动。原注：『遨』是『遨游』的意思。在房梁之间跳跃，不怕有多高。』

又有说法：良马一日千里，但捕鼠却不如猫，所以各有所长。

《尹文子》：『让牛来抓老鼠，不如利用猫的敏捷去抓。』

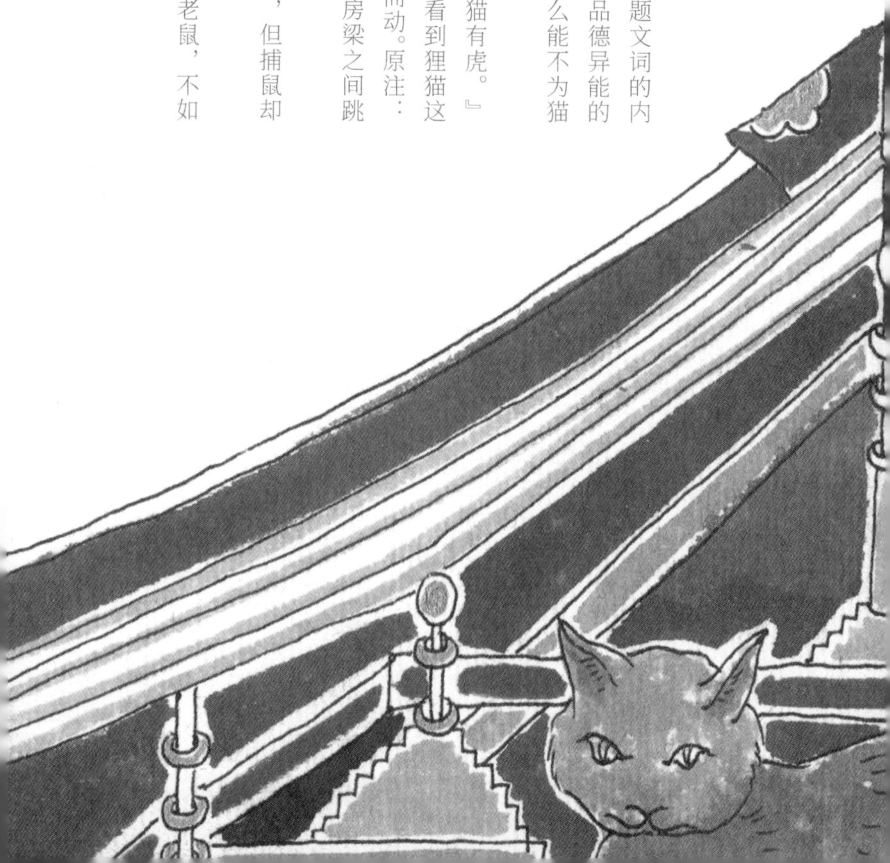

原 译 注

《史记·东方朔传》：骐骥弭𫘧，飞兔𫘪骊，天下之良马也。将以捕鼠，不如跛猫。

《淮南子》：『审毫厘之计者，必遗天下之大数；不失小物之选者，惑于大事。譬犹狸之不可使搏牛、虎之不可使捕鼠也。』

《史记·东方朔传》：『骐骥弭𫘧，飞兔𫘪骊都是天下的名马，但如果让他们来捕鼠，还不如一只瘸腿猫。』

《淮南子》：『爱打小算盘的人，必定没有审视天下大势的本事；在小事上不会犯糊涂的人，也许会因为大事而困扰。就像不能让狸猫去斗牛，不能让老虎去捕鼠一样。

原 译 注

元好问《题醉猫图》云：『窟边痴坐费工夫，倒辊横卧却自如。料得先师曾细看，牡丹花下日斜初。』又：『饮罢鸡苏乐有余，花阴真是小华胥。但教杀鼠如山了，四脚撩天却任渠。』

元好问《题醉猫图》说：『猫守坐在老鼠洞边极为无聊，于是就在一旁悠闲横卧，等到人过去仔细一看，牡丹花下已日落斜阳了。』又有诗：『喝完了汁水后猫儿就肆意地玩耍，好不快活，但是只要你把本职工作干好，怎么玩都不为过。』

原 译 注

吴石华调寄《雪狮儿·咏猫》有序：『钱葆酚有《雪狮儿·咏猫词》，竹垞、樊榭、榖人并和之，引征故实，各不相袭，后有作者，难为继矣。余则全用白描，亦击虚之一法也欤？』词曰：『江茗吴盐，聘得狸奴，娇慵不胜。正牡丹花影。醉余午倦，荼蘼架底，睡稳春晴。浅碧房栊，褪红时候，燕燕归来还误惊。伸腰懒，过水晶帘外，一两三声。休教划损苔青，只绕在墙阴自在行。更圆睛闪闪，痴看蛱蝶，回廊悄悄，戏扑蜻蜓。蹴果才闻，无鱼惯诉，宛转衾边过一生。新寒夜，伴薰笼斜倚，坐到天明。』

吴石华调寄《雪狮儿·咏猫》有序言：『钱葆有一首《雪狮儿·咏猫词》，曾被竹垞、樊榭、榖人和曲过，后来考证并没有关联，乃至后人分辨不清，不好用这首曲调。不过我换了种手法，全部采用白描，写了这首词，是否也是一种方法呢？』大意为：我用苏杭一带的名茶好盐聘来了只娇懒漂亮的猫，它总是喜欢在春日的午后，在浅碧房栊下的茶架里头美美地睡上一觉，睡醒之后伸个懒腰，走过水晶帘外打几个哈欠。我从不让它划破石墙下面的青苔，只让它绕着墙荫走。每次它和蝴蝶蜻蜓玩的样子都特别可爱，总能吸引我。吃住也不嫌弃，等到冬夜的时候，它就会倚在暖椅旁，一坐到天亮。

原 译 注

《义猫记》云：『山右富人所畜之猫，形异而灵且义。其睛金，其爪碧，其顶朱，其尾黑，其毛白如雪，富人畜之珍甚。里有贵人子，见而爱之。以骏马易，不与；以爱妾换，不与；以千金购，不与；陷之盗，破其家，亦不与。因携猫逃至广陵，依于巨富家。亦爱其猫，百计求之不得，以鸩酒毒之。其猫与人不离左右，鸩酒甫斟，猫即倾之，再斟再倾，如是者三，富人觉而同猫宵遁。遇一故人，匿于舟后，渡黄河，失足溺水。猫见主人堕河，叫呼跳号；捞救不及，猫亦投水，与波俱汩。是夕，故人梦见富人云：

《义猫记》说：『山西有个富人养了一只形体怪异、且非常有灵性、义气的猫。它金色的眼睛、碧绿的爪子，尾黑头红，毛色纯白。主人非常疼惜这只猫。恰巧乡里有一位贵人的儿子，见到这只猫非常喜欢，想用宝马、爱妾、千金来换这只猫，都被拒绝了。于是这位公子便诬陷富人偷盗，害得他家破人亡，即使这样，富人也不肯放弃猫。富人带着这只猫逃到了广陵，投奔大财主。没想到大财主也想要他的猫，千方百计得不到后，准备用毒酒毒死他。岂料这只猫通人性，不离富人左右，毒酒刚倒上，猫就把酒杯扑倒了，又倒上，猫又扑倒了，如此三次，富人发觉后便带着猫连夜出逃。路上碰到一位朋

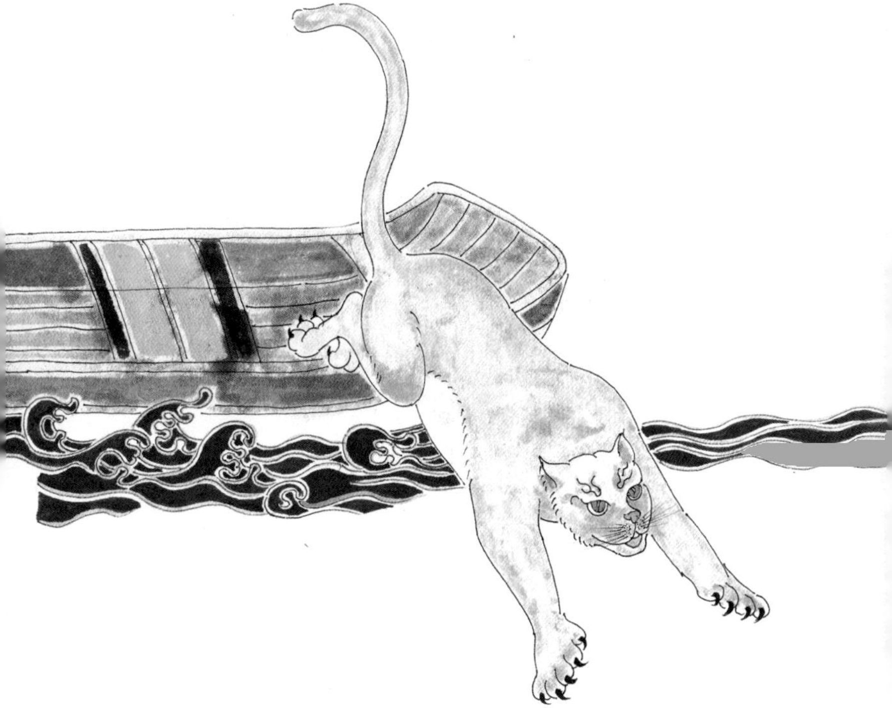

「我与猫不死，俱在天妃宫中。」天妃，水神也。故人明日谒天妃宫，见富人尸与猫俱在神庑下，买棺瘗之，埋其猫于侧。呜呼！虫鱼禽兽，或报恩于生前，或殉死于身后。如毛宝之白龟、思邈之青蛇、袁家儿之大狞犬、楚重瞳之乌骓马，指不胜屈。若猫之三覆鸩酒，何其灵；呼救不得，徇之以死，何其义！又岂畜类中多所见者耶？然其人以爱猫故，被祸破家，流离异域，复遭鸩毒，非猫之几先有以倾覆之，其不死于毒者几

友，于是就躲到他的船里，渡黄河的时候失足落水，猫看到富人落水，在船上急得呼号跳脚，富人没来得及被捞上来，于是猫也投水自尽了。这天晚上，朋友梦到富人说：「我和我的猫没死，都在天妃宫里。」天妃，就是水神。朋友第二天去水神宫拜谒时，看到富人和猫的尸体都在神庑下。朋友于是买来棺材，把富人和猫葬到了一起。唉！鸟兽鱼虫，或报恩于生前，或在恩人死后以身殉死。像毛宝的白龟、孙思邈的青蛇、袁家儿的大狞犬、项羽的乌骓马，数不胜数。像这只猫，帮主人扑倒毒酒，何其有灵

希矣！及主人失足河流，跳叫求援，得相从于洪波之中，以报主人珍爱之恩。以视夫为人臣、妾，患至而不能捍、临难而不能决者，其可愧也夫。』徐岳《见闻录》，并见《虞初新志·说铃》。

性；呼叫不得后以身殉死，何其大义！这在动物里可以说是非常少见的了。然而富人因为爱猫的原因，先后遭遇家破人亡、流浪他乡，又遭鸩毒，如果不是猫几次扑倒，他几乎就死在毒酒下了！到富人失足落水，猫跳叫求援，最后共赴洪波中，是为了报答主人珍爱的恩德。它视自己为人臣，为妻妾，祸患来临不能共同捍卫，大难临头而不能共同抉择的人，姿态是多么丑陋啊！』徐岳《见闻录》和《虞初新志·说铃》里也有记载。

原 译 注

张正宣《猫赋》云：『猫之为兽，有独异焉。食必鲜鱼，卧必暖毡。上灶突兮不之怪，登床席兮无或嫌。恒主人之是恋，更女子之见怜。彼有位者仁民，且豢养之兼及；在吾侪为爱物，岂嗜好之多偏。是故张大夫不辞猫精之贻号，而童夫人肯使狮猫之亡旃。』王朝清《雨窗杂录》

张正宣《猫赋》大意：猫这种兽类，是非常独特的。必须要吃鲜鱼，要睡毛毯。上灶上床都不奇怪，主人也很怜惜它，女子更是喜爱这种动物。养猫，对于我们这些爱猫的人来说，乐此不疲。因此有人说我是猫精，而童夫人肯为狮猫而亡。

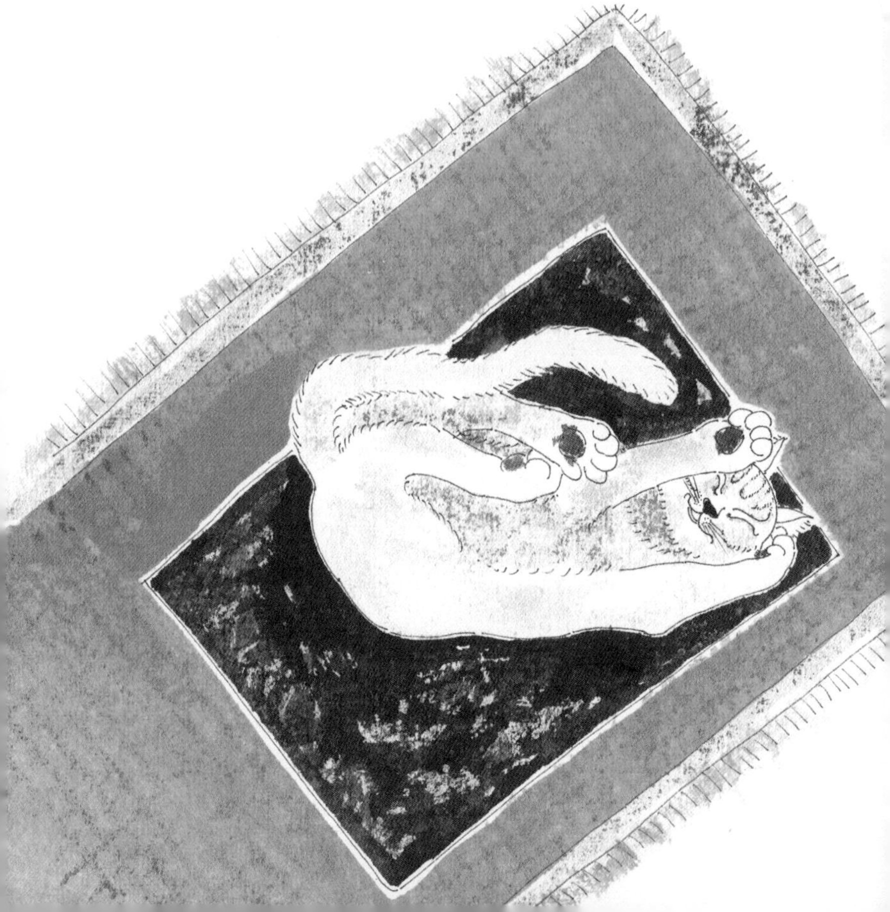

原 译 注

敬亭叟家，毒于鼠暴。穿绢穴墉，室无全宇，咋啮篚筐，帑无完物。乃赂于捕野者，俾求狸之子，必锐于家蓄。数日而获诸，沂逾得骏。饰以栖，给鳞以茹之，抚育之厚，如子诸子。其攫生搏飞，举无不捷，鼠慑而殄形，暴腥露膻，纵横莫犯矣。然其野心，常思逸于外，冈以育为怀。一旦怠其绁，逾垣越宇，倏不知所逝。叟惋且惜，涉旬不弭。弘农子闻之曰：『野性匪驯，育而靡恩，非独狸然，人亦有旃。梁武于侯景，宠非不深矣；刘琨于疋殚，情非不至矣。既负其诚，复反厥噬。呜呼！非所蓄而蓄，孰有不叛哉！』绍圣二年九月，黄庭坚书。黄鲁直《蓄猫说》

敬亭老叟的家里闹耗子，把家里搞得一塌糊涂。于是他贿赂猎人，求他去山里打猎的时候帮他弄只野猫的崽子，想必肯定要比家猫更凶。几天后，猎人真给他带来了。老头视若珍宝，好吃好喝地养着，比养儿子还用心。这只猫是天生的捕鼠好手，迅捷如飞，即使把鱼肉都摆在外面，老鼠也不敢吃了。但它毕竟是只野猫，心还在山里，终于被它找到个机会翻越屋宇不知所踪。老叟十分惋惜，找寻良久都没找到。弘农子听到后感慨道：『像这种野性难驯不报养育之恩的又岂是这一只猫呢？拿人来说，梁武帝对侯景，宠爱并非不多，刘琨对疋殚，感情并非不深，然而不仅辜负了诚意，还做出恩将仇报之事。唉！如果不是自己亲生亲养的，哪里会有不被背叛的隐患呢？』绍圣二年九月黄庭坚书。

原 译 注

汉按：山谷兹帖，固当首列。乃书成后，丁雨生始为余言。因寓书周缓齐厚躬，从澄海张浦云明府邦泰处抄至，亟为补入。惟中如绳、汴、弥、冈、殚诸字，可解不可解，若汴疑作忭字，弥俗殄字，冈即罔字，殚或谓碑字之讹。兹悉仍其原，识以俟考。

大兰王朱相者，颇好客，鹿、马、猴、狗俱在门下，而鼠为多。一日，有荐猫至，颇佳。然阴为鼠所忌，猫初不知也。顾必思有以中伤之，以鹿、马持正不阿，知不可动，乃嗾猴、狗谗之。猫无失德，猴、狗不能为害。王有子，长曰象，仲曰兔。兔者为其形似而言，性颇佻㒓，㒓鼠辈欲假兔以行其计。会王改封迁藩，乃遂以猫搏兔言于王。

注：黄庭坚的品评，一定是要列在首位的。成书后，丁雨生告诉我，因为寄信给周缓斋，从而有机会在澄海张邦泰的家里抄录这些资料，补录进来。其中唯有如绳、汴、弥、冈、殚等字似可解又不可解，如『汴』疑作『忭』字，『弥』俗作『殄』字，『冈』即『罔』字，『殚』也许是『碑』字的讹误。在此我仍保持原状，待以后考证。

大兰王朱相，非常好客，他的门下养了许多门客，有鹿、马、猴、狗，其中老鼠最多。有一天，有人推荐了只好猫过来。猫起初不知道。然而老鼠私下非常忌惮这只猫，老鼠们想尽办法要害它，考虑到鹿、马都是刚正不阿之辈，游说不动，只能找猴、狗谗言迷惑。但是猫品行端正，猴、狗没办法伤害它。大王有两个儿子，老大叫象，老二叫兔，因为老二叫兔，

原 译 注

王初弗听。无如鼠辈谮之力，王乃去猫。鹿、马闻之，叹曰：『猫非狮，何搏兔之有？轻听而去贤，何王不察之甚！』久之，王亦浸有所闻，颇自悔。然而群鼠之计已行，相与于窟穴中窃笑王愚矣。先是有善相者，谓王形蠢恶，后必遭屠。未几，流寇乱起，王果遇难，群鼠遂分其赀粮而散。《焚椒余话》

> 汉按：此节或谓指福藩而言，然无可考。但听小人之谗而逐贤士，甚至甘以秽名加之亲子而不恤，今日士大夫如大兰王者不少也，言之殊不值一噱。

含毛国在震旦之南，衣冠异而制度同，取士有丙科丁科，犹中国之有甲乙科也。有臧居子者，乳名麒麟猫，

它的性格非常跳脱，所以老鼠准备从兔上做文章。当时正好大王改封迁藩，于是借兔施行计谋。老鼠向大王进谗言，说猫有搏兔的习惯，养着猫对二公子不利，大王一开始不信，架不住老鼠们每日进谗，于是大王贬黜了猫。鹿和马听说了这事后，感叹说：『只听说有狮子搏兔的说法，哪里有猫搏兔呢？这样轻易听从小人的话贬黜了贤良，实在是太糊涂了。』时间久了，大王也感觉到自己做错了，非常懊悔，但是事已至此也没办法了。然而老鼠们却在洞穴中偷偷笑话大王愚蠢。后来有一个神算子，说大王面容蠢恶，日后肯定会被别人杀害。没过多久，流寇四起，大王果然遭难，老鼠们就瓜分了大王的钱粮，一哄而散。

注：这个故事无处可考，不过道理很实在。尽听小人的话排除贤良，甚至认为对方会对自己儿子不利的，直到今天像大兰王这样的人还有不

丙科出身，曾充抡材使，因事降为郡将。一日，奉命卤州勾当公事，咸谓其才望重，莫不思一瞻丰采。及既戾止，当事大夫供张惟谨，论者谓臧居子兹来，必有经济之谈，必有文章之会，否则亦必有诗歌留题，为斯邦大雅之资。居数月，乃寂然无所闻。未几，闻有邮亭风月之狎，继闻沉湎于酒色矣。而且于缠头费甚吝，妓人薄之，复有使气作践之举。于是讥诮起，而笑骂盈道路矣。论者复谓王朝所称有才望者，大抵如斯耶？抑门祚官方之玷，皆可不足恤耶？抑天地气运就衰，例生此败类耶？议论甚不一。已而又皆寂然矣，似以若而人者，有不屑讥诮笑骂议论者也。然而时闻君子有太

少，实在是不值得去为他可惜。

含毛国在中国南部，虽然衣着和中原不同但制度一样。也有相似的科举制度。录取士子有丙科丁科，像中国有甲科乙科一样。有一位臧居子，乳名叫『麒麟猫』，科举成绩为丙科，担任过抡材使，后因事被降为郡将。一日，他因公事要去卤州，当地人都听说他德才望重，都想一睹他的风采。等到他来的这天，当地官员有一个叫张惟谨的，说臧居子此次前来，肯定有经济方面的言论，必会写下极妙的文章，再不济也会题几首诗歌，成为当地的大雅之资。怎料他在这里待了几个月，居然寂静无声。不曾想听说他沉湎酒色，专寻那风月场所寻欢作乐，并且为人小气甚是吝啬，连妓人都看不起他，便有许多使气作践的举动。于是讥讽声四起，走在路上别人都嘲讽他。人们又开始议论：朝廷里有才能声望的人大都是如此

原 译 注

息声。

宫朝《睹麒麟猫说》

卢胡叟曰：『为麟使人瞻仰，为猫使人取用。若麒麟猫者，适足令人齿冷，况又有秽行乎。所谓天地衰气使然，例生败类，似或不诬，乌得不为太息？』

顷者得无名氏《宝猫说》，颇有机趣，亦因小见大之文，足以讽世，亟为补入，俾广见闻。其词曰：『里有猫与都会者，体伟而毛泽。颈系铃，尾拖彩，步武从容，见者咸悦之，以为必善捕鼠也。故食鲜眠暖，优以待之，且呼之为宝猫。讵养数月，鼠患依然。又数月则愈炽焉。始则以其慵于捕，徐察之，竟无能捕。其家旧有猫，不甚肥泽，捕鼠颇勤，呼为朴子，

吗？号称才子却给朝廷丢脸，实在是不值得同情！天地气运衰落怎么生了这样一个败类？各种议论不一，不过很快都沉寂了。也有人不屑去和旁人议论这位『麒麟猫』，不过对他也是感到可惜。

卢胡叟说：『麒麟是供人膜拜的，猫是让人抓老鼠用的，取一个麒麟猫的名字，实在是让人感到好笑，况且品行不端。所谓天地衰气诞生了这种败类的话，也不算冤枉了他。』

我之前得到一本无名氏的《宝猫说》，很有意思，也是以小见大的文章，讥讽当今社会，此处摘抄进来，扩长见闻。书上说：『有一只猫从大城市来，身材高大，脖戴铃铛，尾巴拖长，身形矫健，看到的人都夸它漂亮，认为它肯定擅长抓老鼠。于是主人优待它，并且称它为『宝猫』。养了几个月之后，家里的鼠患依然。再过了几月，鼠患更加严重了。主人先以为它是懒得去抓，后

逸去几半载，主人于是复求而获之，已而鼠患遂息。且见朴子渐与宝猫狎，一鸣一跃，若有所献纳，而宝猫绝不之顾，且时作威状拒之。朴子旋退去，索然自处。主人因而私察宝猫，常高踞屋脊，非扑蝶则捕蝉，或雌雄相追逐。有饵以鱼与肉，则伏而大嚼；既餍饫即酣睡焉。主人为之喟然长叹，乃戏系大鼠十数环，掷其卧窝，群相撑拒啾唧。宝猫见之，大惊而逸，遂不知所之。』桴浮子曰：『无技能而享高厚，贪野食而耽慆淫，置主人事于不顾，有献纳而不知受，甚至见群大鼠而惊逸，若斯宝猫，固不复知有羞耻事。然不审于衾影中，或稍有愧于心否？呜呼！鼠患炽至于不可救，

来观察后才知道它竟然是不会抓。他家里原有一只猫，不是很肥泽，但勤抓老鼠，主人唤它『朴子』，它已经离开快半年了。主人于是再去找它，找回来之后家里的鼠患便平息了。有一次主人见到宝猫和朴子在一起玩，朴子跳跃着像是要献给宝猫什么东西似的，但是宝猫一脸嫌弃地拒绝了，朴子于是离开，独自待着。主人后来时常观察宝猫，发现它常常趴在屋脊高处，不是扑蝶捕蝉，就是追母猫玩耍，有鱼、肉为饵就伏地大嚼，吃饱了就酣然入睡。主人长叹一口气，便戏弄它，把十数只大老鼠系成环状，抛到宝猫的窝里，等到它看到后，吓得仓皇而逃，后来不知所踪了。』桴浮子说：『没真本事还享受着优厚的待遇，把主人的事置之不顾，别人向你进贡而不知享用，甚至见到老鼠吓得仓皇逃窜，如此宝猫，不知什么是羞耻。这只猫不会惭愧吗？哎呀！像那些鼠

大抵皆宝猫误之耳。吾愿蓄猫者宜朴子是求，家道受益非浅。其都会来者，虽体伟毛泽，系铃拖彩，岂皆为可宝哉？既误，慎勿为再误也。』

汉按：三复斯篇，则触景伤怀，不觉欲痛哭流涕。或曰才拙而志诚，于事或有补救之功。若朴子者庶几近焉。

相传一巨猫，骄而怯。一日，忽得死鼠于盎中，自鸣且跃，若自诩其能。忽有大鼠群然遇其前，则巨猫遂伏而不敢动，是亦然宝猫之一流欤？王仲弁识

汉按：瓯谚有云：『瞎猫撞著死鼠』，意外之遇。然有一世

患解决不了的，大多都是家里养了宝猫给耽误的。我希望养一只像朴子那样的猫，就很满足了，家道一定受益匪浅。即便是从大城市来的，虽然身形俊美，系铃拖彩，也不一定都是好猫，怎么能都可称为宝呢？既然错了，注意不可一错再错了。』

注：看到这几篇文章，真是触景伤情，不觉痛哭流涕。有人说能力不够的人有认真态度，或许对事情还有补救，就像文中的朴子。

相传有一只巨猫，外表骄傲实则胆怯。一天，忽然在一只盆里面发现了只死老鼠，于是高兴得又叫又跳，吹嘘这是自己的才能。不一会儿一大群老鼠从它跟前路过，巨猫吓得动也不动，不正是像宝猫之流一样吗？

注：瓯地谚语说道：『瞎猫碰到死耗子』，意外的惊喜总是少数的，好多瞎猫一辈子都碰

为瞎猫，而不遇死鼠者，则兹巨猫犹为多幸。呵呵。

黄薰仁孝廉云：『昔有人馈先君洋猫一头，重十余觔。状极雄伟，人咸羡为骏物。始则鼠亦稍知敛迹。岂知此猫性贪而懒，日则窃饮瓶中酒，夜则醺醺然卧。鼠欺其无能，扰乱尤甚。众皆恶弃之，呼为怪畜。时余叔适得一猫三足者，其后一足仅有上腿而无下爪，每呼食则跳跃难前，审其状似断不能捕鼠。但鼠闻其声，莫不远遁，较诸洋猫外强中干，贤不肖何如？余以晋却克、唐裴叔度，相传皆跛一足，其建功立业，何尝不赫烈耶！盖人不可以貌相，余谓兽亦然。』《洋猫说》

不到死耗子，从这个角度看的话，这巨猫是多么幸运啊。呵呵。

黄薰仁孝廉说：『之前有人送我父亲一只洋猫，十来斤重，看起来高大雄伟，别人见了都说好。老鼠一开始碰到它也知道收敛行迹。哪知道这猫又贪又懒，白天偷喝瓶里的酒，晚上便烂醉如泥。老鼠欺负它无能，鼠患更为严重了。于是家里人都嫌弃这只猫，叫它怪畜。那时我叔叔碰巧得了只猫只有三条腿，最后一只腿上只有上腿，没有爪子。每次叫它吃饭它就艰难跳跃难以前行，大家看这样子都觉得它是抓不了老鼠的，但是老鼠一听到它的声音，都被吓得远远逃遁。相比洋猫外强中干，不知有多贤能。我以晋却克，唐裴叔度举例，相传都跛一足，他们建功立业何尝不壮烈呢！都说人不可貌相，我认为动物也一样。』

汉按：近传一官，惟耽曲蘖，不视事，人皆呼为醉猫。或以为诘，则曰：『我尚廉，无患也。』殊不知权已旁落，下人窃弄威福，其害尤甚于自作孽也。自古故重廉明，若昏而不明，虽廉何补！

注：最近有传言一位官员，平日里只爱听曲子，不干正事，别人都称他『醉猫』。有人批评他的时候，他就回答说：『我又不贪污受贿，没事的。』殊不知权已旁落，下人却作威作福，这比他自己为害要更为严重。自古以来只看重清廉，但是为官无能，即便清廉又有什么用呢？

图书在版编目（CIP）数据

猫苑 /（清）黄汉辑；陈晨绘 . -- 南昌：江西美术出版社，2020.1
（古人的雅致生活）
ISBN 978-7-5480-7215-7

Ⅰ . ①猫… Ⅱ . ①黄… ②陈… Ⅲ . ①猫－驯养－中国－清代 Ⅳ .
① S829.3

中国版本图书馆 CIP 数据核字（2019）第 133794 号

出 品 人：周建森
责任编辑：姚屹雯
责任印制：谭 勋
书籍设计：韩 超 先鋒設計 PIONEER DESIGN

猫苑 精选本
MAO YUAN
GUREN DE YAZHI SHENGHUO
古人的雅致生活

[清] 黄 汉 / 辑 陈 晨 / 绘
出　　版：江西美术出版社
地　　址：南昌市子安路 66 号江美大厦
网　　址：jxfinearts.com
电子邮箱：jxms163@163.com
电　　话：0791-86566309
邮　　编：330025
经　　销：全国新华书店
印　　刷：浙江海虹彩色印务有限公司
版　　次：2020 年 1 月第 1 版
印　　次：2020 年 1 月第 1 次印刷
开　　本：787 毫米 ×1092 毫米 1/32
印　　张：8.25
书　　号：ISBN 978-7-5480-7215-7
定　　价：88.00 元